O FIM ESTÁ SEMPRE PRÓXIMO

DAN CARLIN
O FIM ESTÁ SEMPRE PRÓXIMO

MOMENTOS APOCALÍPTICOS, DO COLAPSO DA IDADE DO BRONZE ATÉ AMEAÇAS NUCLEARES

Tradução
Flora Pinheiro

RIO DE JANEIRO, 2020

Copyright © 2019 by Dan Carlin Ventures LLC. All rights reserved.
Título original: *The End is Always Near: Apocalyptic Moments, from the Bronze Age Collapse to Nuclear Near Misses*

Todos os direitos desta publicação são reservados à Casa dos Livros Editora LTDA. Nenhuma parte desta obra pode ser apropriada e estocada em sistema de banco de dados ou processo similar, em qualquer forma ou ameio, seja eletrônico, de fotocópia, gravação etc., sem a permissão do detentor do copyright.

Diretora editorial: *Raquel Cozer*

Gerente editorial: *Alice Mello*

Editor: *Ulisses Teixeira*

Copidesque: *André Sequeira*

Preparação de original: *Marina Goés*

Revisão: *Carolina Vaz*

Imagens de capa: © *Michel Serre/ Shutterstock*

Capa: *Anderson Junqueira*

Diagramação: *Abreu's System*

CIP-Brasil. Catalogação na Publicação
Sindicato Nacional dos Editores de Livros, RJ

C279f

Carlin, Dan, 1965-
 O fim está sempre próximo : momentos apocalípticos, do colapso da Idade do Bronze até ameaças nucleares / Dan Carlin ; tradução Flora Pinheiro. – 1. ed. – Rio de Janeiro : Happer Collins, 2020.
 272 p.

 Tradução de: The end is always near : apocalyptic moments, from the Bronze Age collapse to nuclear near misses
 ISBN 9788595086760

 1. História mundial. 2. Histórias imaginárias. 3. Civilização – História. I. Pinheiro, Flora. II. Título.

20-62297
CDD: 904
CDU: 94(100)

Meri Gleice Rodrigues de Souza – Bibliotecária CRB-7/6439

Os pontos de vista desta obra são de responsabilidade de seu autor, não refletindo necessariamente a posição da HarperCollins Brasil, da HarperCollins Publishers ou de sua equipe editorial.

HarperCollins Brasil é uma marca licenciada à Casa dos Livros Editora LTDA.
Todos os direitos reservados à Casa dos Livros Editora LTDA.
Rua da Quitanda, 86, sala 218 — Centro
Rio de Janeiro, RJ — CEP 20091-005
Tel.: (21) 3175-1030
www.harpercollins.com.br

Para Brittany, Liv e Avery

SUMÁRIO

Prefácio — 9

Capítulo 1: Tempos difíceis formam pessoas mais fortes? — 15

Capítulo 2: Deixai vir a mim os pequeninos — 27

Capítulo 3: O fim do mundo que eles conheciam — 39

Capítulo 4: Julgamento em Nínive — 77

Capítulo 5: O ciclo de vida bárbaro — 97

Capítulo 6: Um prólogo pandêmico? — 135

Capítulo 7: Rapidez ou morte — 155

Capítulo 8: De boas intenções… — 219

Epílogo — 251

Agradecimentos — 255

Leitura adicional — 257

PREFÁCIO

Você acha que a civilização moderna jamais cairá e que nossas cidades nunca vão virar ruínas?

Parece um clichê de ficção científica, aqueles arqueólogos do futuro analisando cuidadosamente os escombros enferrujados de Nova York e Londres ou os arranha-céus, metrôs e esgotos de Tóquio; tirando os mortos de seus túmulos e estudando-os como fazemos com as múmias egípcias; tentando decifrar nossa linguagem, os códigos que compõem nossa escrita e desvendar quem éramos. Imaginar nossas tumbas, nossos edifícios e restos mortais recebendo o tratamento que hoje damos aos achados arqueológicos da Antiguidade pode parecer inimaginável, mas há uma boa chance de que fosse isso o que a múmia hoje escavada pensava sobre seu tempo e território.

É claro que não há uma resposta definitiva para uma pergunta como essa. Muitas das questões levantadas neste livro também não podem ser respondidas. Talvez por isso sejam intrigantes.

Observar as evidências do passado e projetá-las em acontecimentos futuros pode parecer estranho. Imaginar eventos passados se repetindo nos dias atuais é quase avançar no campo da ficção científica. A linha que separa a história factual da fantasia especulativa é muito tênue. O momento em que vivemos é o ponto em que essas duas facetas — a cronologia de nomes e datas registradas e as hipóteses das realidades alternativas e dos possíveis futuros — se encontram. Pensar o mundo do século XXI sendo assolado por uma grande praga como as pandemias do passado é *fantasia*, mas, também, é algo possível e que aconteceu muitas vezes antes. Qual é a conexão entre o passado factual e o futuro especulativo?

Já me disseram que qualquer livro convencional deve responder a perguntas ou, pelo menos, oferecer algum argumento. Se isso for verdade, este não será um livro convencional. Está mais para uma coleção de vinhetas mais ou menos interligadas. Não tenho argumentos, o que é consistente com a abordagem de nosso podcast. Minha abordagem é a de um não especialista, pois é o que sou. Ao longo do tempo, historiadores, cientistas políticos, geógrafos, físicos, sociólogos, filósofos, autores e intelectuais ofereceram suas visões sobre todas as questões tratadas neste livro, cada um com seus próprios métodos e sob os prismas de suas épocas, seus campos de saber e suas culturas.

Embora um geógrafo moderno possa citar analogias globais para argumentar sobre a probabilidade de uma civilização "cair", ou um físico possa fazer análises matemáticas para determinar a probabilidade da chegada de uma nova Idade das Trevas devido à queda de um asteroide na Terra, a abordagem de alguém que conte histórias ou a de um jornalista é o ângulo humano.[1] Quais são as narrativas humanas em meio ao colapso de uma civilização? Um bombardeio que destrói a cidade de alguém ou uma doença que começa a desfazer os laços que mantêm uma sociedade unida? Ver as coisas por esse prisma ativa diferentes partes do cérebro,

---

[1] Este é também o trabalho do historiador. Muitas vezes, o jornalismo e a história têm uma relação interconectada/simbiótica, como o jornalista que escreve sobre os acontecimentos atuais e os historiadores que usam seu trabalho mais tarde como fontes primárias. Com frequência, os jornalistas usam o trabalho dos historiadores para contar ocorrências do passado que eles descobriram, como fazemos aqui.

incluindo as emoções, e, muitas vezes, pode ter um impacto que dados, gráficos e estudos não possuem. Pense nisso como mais um azulejo em um vasto mosaico no qual muitas disciplinas tentam restaurar uma imagem do passado.

Será que tempos difíceis formam pessoas mais fortes? A criação que nossos filhos recebem afeta a sociedade como um todo? Como podemos lidar com o poder de nossas armas sem nos destruirmos? As capacidades humanas, o conhecimento e a tecnologia podem regredir? Há um quê de *Além da imaginação* nessas questões, com alguns detalhes sutis (às vezes nem tão sutis assim) que parecem dialogar com nosso tempo. São ideias que cruzam as fronteiras das disciplinas acadêmicas modernas e adentram o território, em geral, ocupado pelo teatro, pela literatura e pelas artes.

Mesmo sem respostas definitivas, essas questões são fascinantes e valiosas. Muitas são aquelas clássicas "questões profundas", que sempre estiveram no centro da filosofia. Pensar nelas com mais frequência já pode ter seu valor. Outras podem ter alguma utilidade prática. Por exemplo, lembrar acontecimentos semelhantes do passado pode nos ajudar a levar mais a sério possíveis desdobramentos que, no momento, mais parecem tramas de filme. Certa vez, um professor de história me disse que havia duas maneiras de aprender: você pode colocar a mão no fogo ou pode ouvir as memórias de pessoas que já o fizeram, e o que aconteceu com elas.

Os fãs de nosso podcast, *Hardcore History*, há muito perguntam sobre um possível livro. Eu tinha acumulado tanto material e tantas ideias e pesquisas que pareceu natural usá-los como o cerne de uma obra. Voltar e classificar tudo foi um verdadeiro Teste de Rorschach. Com todas as leituras e todos os estudos necessários para a elaboração desses programas, é essencial que o assunto seja de grande interesse para mim.

Se a estante de uma pessoa é uma janela para os seus interesses, parece que os meus são meio apocalípticos — embora tenha sido um pouco surpreendente a frequência com que os podcasts repetiram variações de uma mesma ideia: o fim da civilização, e não só como nós reagimos a isso com base em experiências passadas, mas também que tipo de pessoas essas experiências podem nos tornar.

Quem poderia me culpar? A ascensão e queda dos impérios, as guerras, as catástrofes, as situações de alto risco — as "grandes histórias" — são intensas e dramáticas por natureza.[2] A combinação de um material divertido e, ao mesmo tempo — potencialmente —, filosófico, educativo e prático é uma fórmula vencedora milenar. Historiadores e contadores de histórias, de Homero e Heródoto a Edward Gibbon e Will Durant, reconheceram isso muito antes de Ajax e Aquiles produzirem "História" de maneira dramática e sangrenta pela *Ilíada*. Há um motivo para um cara como Shakespeare se inspirar tanto no passado.

Mas não é só uma questão de distração ou diversão. Não é difícil sentir uma espécie de empatia histórica e passar por certa reflexão pessoal. Esses acontecimentos envolvem seres humanos de carne e osso que, invariavelmente, ficaram presos nas engrenagens do passado. É difícil não pensar no que faríamos se nos encontrássemos em situações semelhantes.

Uma das coisas que notava quando estava mergulhado nos arquivos era uma pergunta recorrente e não respondível. Será que as coisas continuarão como sempre foram... ou não? É uma questão intensa e assustadora em algumas circunstâncias. Alguns desses estudos de caso, por assim dizer, são discutidos neste livro.

---

[2] Minha formação é em jornalismo, e, embora um profissional deva ser capaz de sentir a mesma empolgação cobrindo uma guerra ou uma exposição de cães, nem eu nem a maioria dos meus colegas somos capazes disso. A julgar pelos altos índices de audiência durante os noticiários que tratam de grandes acontecimentos, parece que muitas pessoas fora do jornalismo se sentem da mesma maneira em relação às "grandes histórias". A história, como as notícias, tem seus acontecimentos de destaque e, às vezes, "quanto mais sangue melhor" é uma frase que se aplica a ambos os campos.

Será que algum dia voltaremos a enfrentar uma pandemia que eliminaria grande parte da população? Isso foi uma parte normal da existência humana até pouco tempo atrás, mas imaginar algo semelhante hoje parece ficção científica.

Sempre ocorreram grandes guerras entre as potências mundiais. Qualquer próximo conflito em proporção semelhante envolveria países com armas nucleares. A Terceira Guerra Mundial parece a trama de um filme ruim, mas será que ela é mesmo mais improvável que a paz eterna entre as grandes nações?

Por fim, como perguntamos antes, você consegue imaginar a cidade onde vive sendo destruída? Algum dia ela será como a maioria das cidades que já existiram ou não? Qualquer possibilidade me parece fascinante.

Embora muito deste livro seja bastante sombrio, analisar o passado nos faz ver a vida por outro ângulo. Ouvir o que as pessoas sofreram quando suas regiões passaram por bombardeios ou quando foram assoladas por pragas medievais monstruosas costuma fazer nossos problemas parecerem bem menores. Mesmo a odontologia pré-moderna já é suficiente para me convencer de que as coisas estão indo muito bem, obrigado.

E, apesar de todas as diferenças entre as pessoas ao longo dos tempos, no caso de alguns acontecimentos e épocas é como se estivéssemos olhando um espelho distante, como escreveu Barbara Tuchman. É difícil não pensar em como lidaríamos com circunstâncias semelhantes. Meu avô adorava usar a frase "Pimenta nos olhos dos outros é refresco". Graças a uma sorte cósmica, nascemos na época e no lugar em que vivemos. Poderia facilmente ter sido algum outro momento ou local. Acho que me lembrar disso facilita um pouco a empatia histórica.

No entanto, apesar da aparente estabilidade do nosso tempo, não há garantias de que a situação atual não vá mudar drasticamente. Os exemplos deste livro ilustram algumas vezes em que isso aconteceu. Correndo o risco de soar como um Nostradamus barato com uma plaquinha "O fim está próximo", uma versão moderna do colapso da Idade do Bronze poderia ocorrer conosco. Ou uma superpotência global poderia implodir de maneira inesperada, como a Assíria, criando um enorme vácuo geopolítico. Nossa versão de Roma Antiga poderia se fragmentar como fez seu Império. Uma pandemia poderia surgir e, se for grave o suficiente, lembrar a todos de como era a vida antes da medicina moderna. Uma guerra nuclear poderia ocorrer ou, quem sabe, um desastre ambiental. Ainda podemos nos encontrar em uma realidade em que as gerações futuras aprenderão em livros exemplos de experiências humanas extremas e advertências sobre o que não fazer.

A soberba é, afinal de contas, uma característica humana bastante clássica. Como meu pai costumava dizer: "Não fique se achando".

Capítulo 1

TEMPOS DIFÍCEIS FORMAM PESSOAS MAIS FORTES?

DESDE QUE OS HUMANOS passaram a documentar a história, alguns estudiosos sugerem que tempos difíceis, de alguma maneira, formam pessoas melhores, e que superar obstáculos — guerras, privações e outras dificuldades — forma indivíduos mais fortes, mais resilientes, até mais virtuosos.

"A história é feita do som de chinelos de seda descendo as escadas e sapatos de madeira subindo" é uma citação atribuída a Voltaire. A observação refere-se à tese de que as nações, civilizações e sociedades prosperam ou se arruínam de acordo com o caráter de seu povo, e este é influenciado pela condição material e moral de sua população. Essa ideia era comum na documentação histórica da Grécia Antiga até meados do século XX.[1]

Atualmente, esse conceito dos chinelos de seda e sapatos de madeira foi descartado pela maioria dos historiadores modernos. Isso ocorre por inúmeros motivos, a começar pela falta de dados. É muito difícil provar ou quantificar uma qualidade humana amorfa como a

---

[1] Por um grande período no início da documentação histórica, um dos objetivos principais do historiador ou do autor era transmitir uma lição de moral, em geral, fazendo uso de exemplos verídicos.

resistência ou a resiliência — ainda mais quando você tenta aplicar essa característica não apenas a indivíduos, mas a sociedades inteiras —, e justificar sua inclusão em um livro de história revisado por seus colegas de profissão. Mas isso não significa que não tenha impacto.

Vamos fazer um pequeno exercício mental: imagine dois boxeadores entrando no ringue. São da mesma altura, do mesmo peso e nível de habilidade. Tiveram o mesmo condicionamento físico; até o mesmo treinador. Todas as variáveis possíveis foram eliminadas. Qual o fator decisivo mais provável para determinar a vitória de um deles? Seria esse conceito difícil de quantificar o que chamamos de "tenacidade"? É difícil dizer que um boxeador venceu porque era "mais difícil de encarar". Para início de conversa, por que tendemos a supor que essa característica é superior? "Força" é um conceito vago que todos acreditamos que exista, sendo "forte" seu adjetivo. Mas é um termo relativo, e a ideia de uma pessoa ou de uma cultura do que isso significa pode ser diferente da de outra.[2]

Contudo, em vez de dois boxeadores, imagine uma competição em escala maior, com sociedades inteiras se enfrentando. Digamos que os Estados Unidos de hoje entrassem em guerra contra outro país parecido — com território, índice de desenvolvimento econômico, potencial militar, população, armas e tecnologia equivalentes. Essa guerra vai ser brutal, uma luta até a rendição total, com cidades em ruínas de ambos os lados. A única diferença entre as duas nações é que as pessoas que estamos enfrentando desse país espelhado mítico são os nossos avós.

---

[2] Existem várias palavras além de "forte" que, em alguns contextos, podem significar a mesma coisa. "Guerreiro" é um exemplo comum. No entanto, isso define tenacidade e força em termos puramente militares/violentos. Há outros significados potenciais para essa característica, como a resiliência emocional e a capacidade de resistir à privação, que podem constituir, combinadas, essa característica.

A maioria das pessoas nascidas entre 1900 e 1930 nos Estados Unidos já faleceu, mas fazia parte da chamada "Geração Grandiosa"[3] — porém, foram tantas as eras e gerações extraordinárias que chamar uma específica de a mais grandiosa parece um pouco bobo. De qualquer forma, para os nossos padrões, os membros da Geração Grandiosa parecem muito tenazes. E com motivo. Mesmo antes de lutarem na Segunda Guerra Mundial, esses homens e essas mulheres viveram mais de uma década de extrema dificuldade econômica — a pior da história mundial moderna.

Na Grande Depressão, em 1929, a quebra da bolsa marcou o início de mais de uma década de colapso econômico, e Andrew Mellon, o Secretário do Tesouro do governo de Herbert Hoover, achou que as dificuldades futuras seriam positivas. "Isso vai purgar a podridão do sistema", teria dito ele, segundo o livro de memórias de Hoover. "O custo de vida vai baixar. O povo vai trabalhar mais, levar uma vida com mais retidão. Os valores serão corrigidos e os empreendedores vão reconstruir a partir dos destroços de pessoas menos competentes."

Do ponto de vista de Mellon, talvez seu desejo tenha se realizado. A Grande Depressão pôs fim aos Loucos Anos 1920, um período marcado pelo luxo, pelos *speakeasies*, pelo jazz, pelas melindrosas, pelo charleston e pelo surgimento do cinema. O que ele julgava uma frivolidade exagerada era simplesmente divertido para outras pessoas. As coisas ficaram bem menos animadas quando o dinheiro ficou escasso.

O colapso não arruinou todos, mas cerca de metade da população, de repente, viu-se abaixo da linha da pobreza. Foi uma década difícil. E os relatos da época são de partir o coração, tão tristes que é difícil imaginar que algo de bom tenha vindo disso.

---

[3] Este apelido foi cunhado pelo jornalista Tom Brokaw para o seu livro de mesmo nome publicado em 1998. No original "The Greatest Generation".

Sem dúvida, poucas pessoas na modernidade optariam por vivenciar um desastre econômico como a Grande Depressão apenas pelos potenciais efeitos positivos.

Quando a Segunda Guerra Mundial começou, uma geração inteira havia passado por privações. E então tiveram que enfrentar o pior conflito da história humana. A guerra em si foi muito ruim, os conflitos do século XXI nem se comparam. Hoje, uma potência pode sofrer dezenas de baixas em um único incidente — talvez devido à falha mecânica de um helicóptero ou por conta da explosão de um artefato bélico improvisado. Bem diferente das centenas de milhares de baixas que os Estados Unidos sofreram na Segunda Guerra Mundial — em Iwo Jima, por exemplo, o conflito de 36 dias deixou pelo menos 26 mil vítimas, com sete mil mortes. Essas são apenas as perdas dos Estados Unidos; imagine os milhões de baixas sofridas pelos alemães ou pelos chineses e soviéticos. É interessante especular como reagiríamos hoje a um número tão grande de perdas.

E não é apenas uma questão de resistir aos danos; é também sobre os infligir. Talvez pudéssemos aguentar, porém, como apontou o General George Patton, não é assim que se derrota o adversário.[4] Pense nos bombardeios que as forças armadas estadunidenses tiveram que realizar — milhares de aviões carregados com toneladas de bombas em direção a cidades onde dez ou 15 mil pessoas poderiam ser mortas em uma única noite. Ou imagine como devia ser a vida durante a Blitz em Londres, quando os bombardeiros alemães investiram contra a cidade quase todas as noites por mais de oito meses. A Geração Grandiosa sabia que havia uma sólida parede de aviões logo acima, e também ordenou que as portas do compartimento de bombas fossem abertas.

---

[4] "Nenhum pobre coitado jamais ganhou uma guerra morrendo por seu país. Ganhou fazendo algum outro pobre coitado morrer por seu país." De acordo com o tenente-general James M. Gavin, Patton disse isso aos oficiais em um discurso durante a Segunda Guerra Mundial.

Então surgiu a arma suprema: a bomba nuclear. A história mostra que nossos avós, sem dúvida, eram capazes de usá-las.[5] Existe hoje alguma situação em que os cidadãos (ao contrário de seus governos) considerariam isso aceitável?

Parecemos quase civilizados demais para tamanha barbárie. Mas nós não enfrentamos o que a geração da Segunda Guerra Mundial passou. Supondo que fosse possível medir a dureza de uma geração numa escala de um a dez, talvez a Geração Grandiosa fosse um sete; se imaginarmos dez dessas pessoas nascidas entre 1900 e 1930 juntas em uma sala, talvez sete delas atendessem às exigências para serem consideradas "duronas". A Geração X também tem pessoas admiráveis — algumas se tornaram Navy Seals, outras atravessaram a Antártida a pé —, mas talvez apenas dois em cada dez membros dessa geração possam ser considerados extraordinários o suficiente para tomar tais decisões. Quem sabe haja uma porcentagem maior de indivíduos nas gerações consideradas resilientes. Essa é uma forma de tentar conceituar como essa característica pode ser aplicada às sociedades e, ao mesmo tempo, de ajudar a mostrar quão estranho seria tentar quantificar tal fato.

Nas histórias com lições de moral do passado, a fórmula "tempos difíceis formam pessoas mais fortes" ia nos dois sentidos. Os tempos brandos formam pessoas mais amenas. Para Plutarco e Lívio, por exemplo, a preguiça, a covardia e a falta de virtude eram frutos de uma vida muito fácil, com luxos e riqueza. E muitos indivíduos fracos significam uma sociedade mais fraca. Em épocas e lugares onde os cidadãos talvez precisassem usar armaduras e pegar uma espada para defender seu Estado no combate corpo a corpo, isso seria uma ameaça à segurança nacional. É possível que estejamos vivendo em uma época em que a força, no sentido antigo,

---

[5] Para saber mais sobre o que é preciso acontecer para que se chegue ao ponto de bombardear alguém ou ser bombardeado, leia os capítulos 7 e 8.

não seja mais tão importante. Se esse é o caso, então que vantagens pode ter uma sociedade mais branda em relação a uma mais forte?

Will Durant, grande historiador do século XX, escreveu sobre os medos, povo que vivia onde hoje é o Irã. Nos anos 1930, Durant escreveu sobre o assunto, e os medos eram considerados um povo pobre e pastoril que se unira para se livrar da dominação do Império Assírio, mas que então se tornara uma grande potência.[6] Pouco depois, porém, ele escreveu: "A nação esqueceu sua moral severa e seu estoicismo. A riqueza veio rápida demais para ser usada com sabedoria. As classes dominantes tornaram-se escravas da moda e do luxo, os homens usando calça bordada, e as mulheres, cosméticos e joias."

Calças e brincos não provocaram o declínio dos medos, mas, para Durant e muitos de seus contemporâneos, esses eram indícios de como essa sociedade havia mudado e se corrompido, perdendo as qualidades provenientes dos tempos mais difíceis que os tornaram fortes o suficiente para vencerem um império.[7]

Chester G. Starr, historiador de meados do século XX, escreveu sobre Esparta, uma sociedade inteira voltada para a criação de alguns dos melhores lutadores do mundo antigo. Os soldados espartanos levaram a cidade-estado agrária do Peloponeso a uma prosperidade com a qual jamais sonhariam, dado o tamanho de sua população e produção econômica relativamente modesta. Mas a sociedade e a cultura de Esparta apoiavam e reforçavam o exército e a vida militar. Todo cidadão do sexo masculino era treinado para a guerra e podia ser convocado até os 60 anos de idade.

---

[6] Desde a época de Durant, a visão que temos dos medos mudou muito. Acredita-se que foram mais ricos, mais poderosos, mais organizados e mais sofisticados do que os historiadores anteriores pensavam.

[7] Tais comentários talvez nos digam mais sobre os pontos de vista do século XX do que sobre os medos da Antiguidade. O quão significativo é que Durant tenha escrito isso no meio da Grande Depressão?

A estratégia de se ter uma milícia cidadã treinada foi empregada por muitas nações, em especial na Grécia Antiga, mas Esparta levou isso ao extremo. Nesta cidade-estado, um processo de moldagem humana que começava no nascimento: os recém-nascidos eram considerados matéria-prima da vida militar, e cabia a um conselho de anciões julgar se um bebê estava apto a viver ou não. "Qualquer criança que parecesse defeituosa era atirada do monte Taigeto para morrer nas rochas pontiagudas abaixo", escreveu Starr.[8]

Os bebês considerados dignos eram submetidos ao "hábito espartano de acostumar seus bebês ao desconforto e à exposição a intempéries". Aos 7 anos, as crianças eram tiradas de suas famílias e mandadas para o treinamento. Os jovens adultos comiam em refeitórios militares comunitários com seus irmãos, sem jamais conhecerem os confortos do lar. Eram mal alimentados como forma de encorajá-los a roubarem comida e aprenderem a "se virar", mas eram duramente punidos caso fossem pegos em flagrante. Esses meninos se tornavam os melhores lutadores da Grécia porque a sua cultura se esforçava para criá-los dessa maneira. Diz-se que os espartanos até recusavam dinheiro durante seu auge,[9] porque achavam que a riqueza corrompia sua moral e seus valores marciais.[10]

---

[8] Starr escreveu isso há mais de cinquenta anos. Muitas histórias modernas dizem que as crianças espartanas eram abandonadas para morrer ao ar livre e, caso sobrevivessem, significava que eram fortes o suficiente para viver. Para mais informações sobre a visão da infância em diferentes sociedades ao longo dos séculos, leia o capítulo 2.

[9] Datar isso é um pouco subjetivo, mas 550-400 a.C. não é uma estimativa ruim sobre a época desse "auge" espartano.

[10] Isso também ocorria em outros lugares. Pessoas de classe alta na Roma republicana se julgavam acima do comércio e do dinheiro, ocupações consideradas deploráveis. Os samurais japoneses concordavam: os comerciantes eram a classe mais baixa da sociedade. Os camponeses estavam acima dos mercadores, pois cultivavam a comida de que todos precisavam.

Com o passar do tempo, de acordo com a narrativa tradicional, os espartanos se tornaram "amantes do luxo e corrompidos", como Starr escreveu, e isso diminuiu sua tenacidade e superioridade militar, levando à derrota no campo de batalha. Os espartanos de 380 a.C. talvez não tivessem vencido seus formidáveis avós de 480 a.C., mas os de 280 a.C. *com certeza* não teriam vencido seus antepassados.[11] Os detestados persas às vezes recebem o crédito por terem contribuído para isso. Os Grandes Reis da Pérsia, que não conseguiam derrotar os espartanos no campo de batalha, descobriram que o ouro era uma maneira mais eficaz de neutralizá-los. Com o tempo, as fontes pré-modernas começaram a retratar os espartanos, em especial alguns de seus monarcas, muito mais materialistas e apegados ao dinheiro do que os "espartanos de verdade", dos velhos tempos. É como se esses persas "amenos", como os gregos antigos costumavam retratá-los, tivessem espalhado sua fraqueza como um vírus, igualando os níveis de força dos dois lados.[12]

Existem outras explicações para a ascensão e o declínio de Esparta, além de indivíduos mais "fortes" — melhor treinamento e condicionamento, por exemplo —, mas parece estranho não levar isso em consideração.

Guerra e pobreza não são constantes. Podem criar uma maior resiliência nos humanos afetados por elas, mas nem todos são. Algumas pessoas têm sorte e evitam o combate e as dificuldades econômicas. Mas todo mundo fica doente.

---

[11] Se ignorarmos esse aspecto da dureza ou a ideia de um "declínio moral", poderíamos dizer que o número cada vez menor de pessoas na classe esparciata (a infantaria pesada da elite espartana) foi o fator mais decisivo.

[12] Um membro da Geração Grandiosa ofereceu a seguinte solução para derrubar a União Soviética: "Deveríamos jogar revistas *Playboy*, calças jeans e discos de Elvis Presley em suas terras, então eles mesmos vão cuidar disso."

Pode parecer estranho sugerir que o mal pode tornar os seres humanos mais fortes, mas epidemias relativamente regulares e letais, além da decorrente taxa de mortalidade, podem ter criado um nível de resiliência que a maioria de nós hoje em dia não possui. Um casal que perdeu vários filhos pequenos devido a doenças e que seguiu estoicamente com sua vida nos pareceriam muito resilientes. As pessoas em outras partes do mundo ainda vivem assim, e consideramos uma das maiores tragédias da vida perder um filho. Mas foi apenas recentemente que essa experiência passou a ser menos comum. No passado, o número de pessoas que perdiam filhos devido a enfermidades era espantoso. Não há como não se perguntar quais efeitos isso pode ter tido nos indivíduos e na sociedade como um todo. Edward Gibbon, o historiador que escreveu *Declínio e queda do Império Romano*, foi um entre sete irmãos. Os outros seis morreram na infância. Um índice bastante alto até mesmo para o início do século XVIII, mas perder filhos antes que estes chegassem à idade adulta era comum. No entanto, pensar apenas no efeito que a doença pode ter nas crianças é ignorar os efeitos mais amplos que um grande número de epidemias pode ter sobre a sociedade. Uma pode ser ruim o bastante para exterminar todo mundo.

Quando se trata de epidemias, o mundo é um lugar muito diferente neste momento se comparado a qualquer outra época da história.[13] Sim, as taxas de incidência de males em algumas partes do mundo em desenvolvimento permaneceram quase inalteradas desde a Idade Média. Mas, no geral, as sociedades tecnologicamente avançadas do mundo moderno mal fazem ideia de como a existência humana foi afetada pelas doenças desde o início da humanidade até uma geração atrás. É surpreendente

---

[13] Para mais informações sobre os efeitos das doenças nas sociedades, leia o capítulo 6.

pensar nas muitas pandemias que eliminaram grandes porcentagens da população global ao longo dos anos. Ler os relatos é como se deparar com uma obra de ficção científica muito obscura. Se perdêssemos um quarto da população humana para uma praga moderna, pareceria absurdo sugerir que isso teria o efeito colateral positivo de nos tornar mais resilientes.

De certa forma, a enfermidade torna as pessoas mais fortes e resistentes, porque, muitas vezes, sua imunidade se aperfeiçoou. Isso é ciência. Mas será que aquelas que perdem seus entes queridos devido a doenças se tornam indivíduos melhores? As sociedades que passaram por isso se tornam sociedades mais fortes? Essas perguntas estão naquela área de assuntos que, intrinsecamente, sentimos que *podem* ser importantes, mas que não podem ser de fato mensuradas ou comprovadas. Sem dúvida, houve momentos em que apenas os fortes sobreviveram, então era bom que o fossem. Mas pode-se argumentar que a força, hoje, não é uma característica tão importante para a sobrevivência quanto foi antes.

Em relação aos sapatos de madeira e chinelos de seda subindo ou descendo a escada, pode-se sugerir que o *timing* faz diferença. Se tempos difíceis exigem pessoas mais fortes, o que acontece quando as circunstâncias são mais amenas? Além disso, a fase dos chinelos de seda também pode nos trazer alguns benefícios.

Hans Delbrück,[14] historiador militar alemão do início do século XX, tinha uma teoria sobre como todas as características das forças armadas modernas — sua organização e tática, seu treinamento, sua logística e liderança — são desenvolvidas para compensar a vantagem natural da tenacidade que os indivíduos menos civilizados

---

[14] No filme *O jovem Frankenstein*, quando o dr. Frankenstein manda Igor buscar um cérebro para sua criatura, ele quer o cérebro de Delbrück. Então Igor deixa-o cair no chão e pega outro cérebro rotulado "anormal".

possuem. "Comparados às pessoas civilizadas, os bárbaros tinham como vantagem a sede de sangue dos instintos animais desenfreados, uma dureza básica", escreveu ele sobre os povos germânicos, que viviam sendo vencidos pelos romanos, mais refinados. "A civilização aperfeiçoa o ser humano, torna-o mais sensível e, ao fazer isso, diminui seu potencial militar, não só em relação à força física, mas também sua coragem. Essas deficiências naturais devem ser compensadas por algum artifício... A função principal de um exército permanente é, por meio da disciplina, permitir que as pessoas civilizadas enfrentem os povos menos preparados."[15]

De acordo com Delbrück, a razão pela qual cidades-estados começaram a organizar seus fazendeiros — que tendiam a ser mais pacíficos que os bárbaros além de suas fronteiras — era criar um exército superior, o que requer treinamento e disciplina, para se defenderem daqueles cujo ambiente hostil tornava-os mais ferozes ou mais guerreiros.[16] "Se um grupo de cidadãos ou camponeses romanos se percebessem frente a frente com um grupo de bárbaros", escreveu Delbrück, "os primeiros teriam, sem dúvida, sido derrotados; na verdade, provavelmente teriam fugido sem sequer lutar. Apenas a formação de um corpo tático os deixava em pé de igualdade".

O uso de tecnologia, maior capacidade de organização e dinheiro por parte da sociedade supostamente mais branda contra uma mais forte e resistente é uma dinâmica observada em diferentes épocas. Os afegãos podem ser um dos povos mais fortes do planeta nos dias atuais, mas sua resiliência individual e social é balanceada pelas forças militares como antes foi o caso dos romanos. No entanto, se os militares ocidentais se vissem obrigados a lutar usando

---

[15] Para mais informações sobre os alemães da Antiguidade, consulte o capítulo 5.

[16] Ambas as palavras são usadas como sinônimo de tenacidade ou dureza (no sentido que nós e Delbrück usamos).

as mesmas armas que os afegãos — AK-47, granadas lançadas por foguetes e bombas caseiras —, e eles, por sua vez, usassem drones, aviões de combate e mísseis de cruzeiro, então a questão da nossa capacidade de continuar apesar das dificuldades *vs.* a deles poderia ser crucial. Lembrando que os afegãos passam por guerras há 40 anos, contra diversos inimigos. De certa forma, podem ser mais parecidos com nossos avós do que nós no quesito resiliência.

As armas e a tecnologia são tão avançadas no presente que podemos ter um guerreiro moderno atacando seu adversário no Afeganistão do conforto de uma sala com ar-condicionado no Kansas — um piloto virtual cujas habilidades, provavelmente, foram aperfeiçoadas depois de anos jogando videogames, assim como a juventude japonesa séculos atrás praticava *kendo* em preparação para seu futuro lutando com espadas. Em vez de exercícios com armas, os matadores treinados de hoje, muitos dos quais podem jamais ver um de seus inimigos mortos de perto, controlam drones que atacam soldados no terreno montanhoso.[17] Os militares modernos, assim como os romanos de Delbrück, encontraram maneiras de contornar sua falta de resiliência.[18] No entanto, ela ainda pode ser decisiva na hora de definir quem vence ou perde uma guerra. Pode fazer toda a diferença para determinar quem está disposto a continuar indefinidamente com as mortes e os custos financeiros.[19] Mas, se for esse o caso, como um historiador poderia provar isso de forma conclusiva em um artigo revisado por colegas?

---

[17] Isso dá um novo significado à frase "vingança dos nerds", já que quem projeta grande parte desse equipamento usado pelos pilotos de drones, provavelmente, não era o cara ou a garota mais popular da escola no ensino médio.

[18] As linhas de frente das tropas ocidentais de hoje que estão em operações de combate são tão fortes quanto seus adversários, assim como as unidades de elite romanas eram na época das legiões. Entretanto, os elementos de apoio e populações civis podem ser uma outra questão.

[19] É uma dinâmica muito similar a dos últimos níveis envolvimento que os Estados Unidos tiveram no Vietnã.

Capítulo 2

DEIXAI VIR A MIM OS PEQUENINOS

Estudar história é como viajar para um planeta distante que também é habitado por seres humanos. Eles são iguais do ponto de vista biológico, mas, no que diz respeito à cultura, são alienígenas — e um dos principais motivos é terem recebido uma criação diferente.

A importância dos pais e de uma boa instrução é quase universalmente aceita. Assim como "ser forte", é um aspecto da humanidade que sabemos exercer grande influência sobre que tipo de adulto a pessoa se tornará, mas, ao mesmo tempo, é um grande desafio avaliar seu impacto nos indivíduos do passado ou na história humana. Pareceria estranho sugerir que a criação não tem grande importância histórica. E se todo mundo fosse criado da maneira errada?

Sei que "errado" é um conceito que depende da cultura. Cada época e sociedade têm suas próprias ideias sobre a melhor maneira de educar as crianças. Mas embora os pais de qualquer tempo ou lugar tentem fazer o melhor por seus filhos, no passado muitas das referências a que tinham acesso eram falaciosas. Por ignorância, podem ter prejudicado seus filhos enquanto faziam coisas que acreditavam ser benéficas. Hoje, a compreensão moderna da saúde e da ciência e a grande disseminação da informação sobre educação criaram a geração de pais mais bem informada que já existiu. O desenvolvimento na primeira infância recebe ainda mais ênfase. Os efeitos da deficiência nutricional, dos danos pré-natais causados pelo álcool e pelas drogas, da má higiene, do abuso infantil e de pais ruins durante os anos de formação são bem conhecidos. Pais abusivos ou incapazes de atender aos padrões sociais mínimos perdem a guarda da prole. Nos piores casos, podem até acabar na cadeia.

Não há dúvida de que ao longo do tempo essas medidas melhoraram — e muito — a instrução dos filhos. O benefício para as crianças é inestimável. Mas tentar mensurar o efeito na sociedade é um grande desafio. É óbvio que deve fazer uma grande diferença, porém é quase impossível precisar como ou até que ponto isso de fato ocorre. Será que grandes melhorias na educação infantil criam uma sociedade melhor? Por outro lado, quanto as infâncias difíceis afetaram as sociedades do passado?

Algumas das teorias sobre o assunto podem parecer exageradas, mas, sem dúvida, levam-nos a pensar sobre fatores que podem ter passado despercebidos quando estávamos examinando os nomes, as datas e os eventos tradicionais para entender a história. Seria possível, por exemplo, dizer que a maneira de criar as crianças afeta a política externa de uma nação? Se parece improvável, imagine um mundo onde metade dos adultos foi vítima de abuso infantil, e então pense nas muitas consequências inesperadas que poderiam surgir disso. É uma questão fascinante.

Uma das primeiras pessoas a explorarem a possível importância histórica da educação infantil foi Lloyd deMause.[1] Ele é

---

[1] DeMause atesta que o modo de criação pode, de fato, afetar a política externa de uma nação.

especialista em psico-história, disciplina controversa que examina, entre outras coisas, as práticas de educação infantil e o efeito que elas podem ter nos desdobramentos da história. Com uma visão bastante sombria dos pais no passado, ele diz em seu livro *The Emotional Life of Nations*: "Até relativamente pouco tempo, pais tinham tanto medo e ódio de seus recém-nascidos que mataram os filhos aos bilhões, mandando-os para amas de leite negligentes, amarrando-os para limitar seus movimentos, fazendo-os passarem fome, mutilando-os, estuprando-os, negligenciando-os e espancando-os tanto que, antes dos tempos modernos, não fui capaz de encontrar provas de um só pai ou mãe que hoje não seriam presos por abuso infantil."

DeMause e os psico-historiadores analisam as sociedades do passado assim como os psicólogos e psiquiatras estudam indivíduos hoje, tentando descobrir de que maneiras o desenvolvimento infantil e as influências que as crianças recebem afetam as sociedades por elas formadas mais tarde.[2] O especialista acredita que até recentemente a maioria dos pequenos, segundos os critérios modernos, teria sofrido abuso infantil, e que isso ajudaria a explicar por que eras como a Idade Média eram tão bárbaras.[3]

As culturas humanas são tão variadas que tais declarações parecem abrangentes demais. Embora tais teorias possam parecer aplicáveis a algumas sociedades urbanas complexas, muitas

---

[2] Até hoje, a psico-história não parece ter despertado o interesse das instituições acadêmicas, e seus críticos chegam a chamá-la de pseudociência.

[3] Críticos de DeMause afirmam que em vez de escrever sobre práticas comuns de educação infantil, ele registrou a história do abuso infantil. Muitas das coisas terríveis que ele cita foram feitas por pais de outros tempos, muitas vezes por ignorância. Grande parte das críticas acadêmicas é sobre os efeitos que ele atribui à criação que as pessoas receberam. Os críticos de DeMause apontam, com razão, que suas conclusões, em geral, baseiam-se mais em especulação do que em dados concretos. Em sua defesa, como alguém poderia coletar e interpretar dados sobre um assunto como esse?

sociedades pré-modernas e tribais tinham padrões milenares de criação que envolviam muito amor e cuidado dos pais e da família. No entanto, os membros de tais sociedades, muitas vezes, envolviam crianças em práticas e atividades que hoje presumiríamos que causariam efeitos negativos permanentes. Algumas dessas eram apenas parte da vida em outra era. Por exemplo: a violência que uma criança de milhares de anos pode ter testemunhado com alguma regularidade talvez tenha pouco ou nenhum efeito negativo em comparação àqueles em uma criança moderna. Poderia ser algo corriqueiro em seu mundo.

Uma das variáveis mais importantes nesta discussão diz respeito a até que ponto a cultura de outras épocas protegeu as crianças dos efeitos decorrentes do que hoje chamamos de maus-tratos, negligência ou traumas emocionais e psicológicos. Se um comportamento que consideramos horrível tiver sido encarado de maneira mais positiva e culturalmente aceitável no passado, algumas pessoas argumentariam que os efeitos teriam sido menos prejudiciais. Isso parece relativizar os maus-tratos ou os abusos, mas se algo é mais socialmente aceito e não tem o estigma atual, será que os efeitos negativos são menores? Alguns argumentam que os efeitos negativos são uma constante, independentemente da sociedade ou época; outros, que depende da cultura. Os povos passados eram compostos por adultos normais e bem-ajustados, apesar de suas experiências na infância, ou eram, como argumenta DeMause, quase todos ex-vítimas de maus-tratos vivendo em uma sociedade criada e liderada por ex-vítimas de maus-tratos.

A maneira mais fácil de visualizar como as coisas podem ter sido ruins para as crianças que cresceram em outros tempos é tentar imaginar como seria o mundo atual se acabássemos com as proibições, investigações e obrigações em relação a questões como maus-tratos e negligência. Mesmo com atenção e esforços modernos, crianças ainda são maltratadas, sofrem abusos e são negligenciadas em todos os lugares do mundo. Sem leis e supervisão, tais condições seriam muito piores, sem dúvida. Então imagine uma sociedade que encorajasse tais coisas.[4]

BATER EM CRIANÇAS era uma ferramenta de disciplina comum desde os primórdios da humanidade até recentemente. Muitos na Geração Grandiosa, por exemplo, cresceram em uma cultura que não estranhava a prática.[5] Aliás, as surras eram para muitos a melhor maneira de criar adultos bem-ajustados. Até os alunos apanhavam nas escolas. E, embora um pai que hoje surrasse seus filhos com um cinto vinte ou trinta vezes fosse considerado abusivo pela grande maioria das pessoas, teria sido considerado muito leniente pelos padrões do passado, quando um cinto seria um substituto fraco para algo criado especificamente para a tarefa de espancar crianças.

The History of Childhood, de DeMause, descreve vários instrumentos para castigos físicos, incluindo:

- chicotes de todos os tipos
- açoites de nove tiras
- pás
- varas
- barras de ferro e madeira
- gravetos amarrados juntos
- chicotes feitos de pequenas correntes

---

[4] Pense em alguns produtos da cultura popular — filmes, música, televisão — mostrando o abuso infantil e o sexo com crianças sob uma luz positiva e provocante. Os valores de algumas sociedades antigas combinados com a mídia moderna e o poder do marketing dos dias de hoje.

[5] A prática de espancar as crianças, em vez de dar algumas palmadas no traseiro, começou a mudar na década de 1960, e mudou bem rápido.

- dispositivos usados nas escolas com uma extremidade em forma de pera e com um orifício redondo, que servia para formar bolhas

No momento atual, seria impossível concordarmos com o uso de uma ferramenta de disciplina especificamente feita para formar bolhas em uma criança de 7 ou 8 anos de idade. No entanto, a frase "isso foi falta de porrada" indica que pais não adeptos de castigos físicos estão prejudicando seus filhos. As pessoas levaram esse conselho a sério por muito tempo.[6]

É difícil culpar os pais por não terem consciência dos efeitos negativos que estavam provocando nos filhos, porque, afinal de contas, tinham recebido a mesma criação. Se estivermos imaginando como seria viver em uma sociedade formada por sobreviventes de maus-tratos infantis, considere como essas pessoas criariam seus próprios filhos. M. J. Tucker, historiador, traz no artigo *The History of Childhood* um relato do tratamento severo que Joana Gray[7] sofreu nas mãos de seus pais e escreve que "os pais de Joana eram pais típicos... O senso comum da época dizia que os pais que amavam seus filhos batiam neles." Ele afirma que as crianças viam a questão da mesma maneira: "Garotinhas como Joana Gray nunca duvidaram de que suas surras eram resultado da preocupação paterna e materna e se sentiam sortudas por terem pais como os dela, que levavam suas responsabilidades tão a sério." Joana seria executada na adolescência depois de uma crise de sucessão real. Se tivesse chegado à idade adulta, porém, e desejasse ser uma boa mãe pelos padrões da época, como essa criança espancada se comportaria em relação aos seus próprios filhos?

---

[6] Ainda há quem defenda que a sociedade estaria melhor se retornássemos às antigas práticas de castigos físicos.

[7] Nobre inglesa conhecida como "Rainha dos Nove Dias", que viveu em meados dos anos 1500.

Embora as surras tenham saído de moda, os castigos físicos ainda são praticados em algumas escolas públicas nos Estados Unidos, e há quem defenda seu uso (embora não no mesmo grau que acabamos de discutir). O mesmo não pode ser dito para alguns dos outros tipos de abuso que muitas crianças de épocas passadas sofreram. Por exemplo: algumas culturas tinham noções muito diferentes sobre o que devia ou não ser sexualmente aceitável entre adultos e crianças.[8] Não só isso torna difícil entendê-las, como também é quase impossível pensar que tais pontos de vista não tivessem um grande impacto em sua realidade. Não era incomum em épocas passadas que as jovens fossem vistas como objetos sexuais. Há relatos de marinheiros de quatrocentos anos atrás que encontraram meninas abertamente sexuais nas ilhas do Pacífico, algumas com cerca de 10 anos. Para nós, essas relações sexuais podem parecer bizarras ou mesmo obscenas, mas e se a sociedade em que esses marinheiros viviam não visse as coisas dessa maneira?

Na Antiguidade, os costumes eram muito diferentes dos nossos quando se tratava de sexo e crianças.[9] No Mediterrâneo da época, tanto a relação heterossexual quanto a homossexual entre adultos e crianças eram parte do cotidiano em muitos lugares. Será que esses jovens sofriam os mesmos efeitos negativos que esperamos ver nas crianças que passam por isso hoje? Se for esse o caso, ficamos imaginando como isso poderia ter afetado o desenvolvimento dessas sociedades. Se não for o caso, isso também é interessante — e nós nos perguntaríamos por quê.

---

[8] Isso se torna ainda mais complicado pelo fato de que muitas sociedades ao longo do tempo permitiram — ou estimularam — que meninas na puberdade se casassem.

[9] A Antiguidade é, em geral, concebida como o período da história humana antes da queda de Roma, no século V d.C.

Mesmo os pais que quisessem fazer o melhor para seus filhos e talvez estivessem menos inclinados a surrá-los poderiam prejudicá-los apenas por seguirem a sabedoria da época — praticando abuso infantil acidental, por assim dizer.

Uma prática comum durante grande parte da história humana foi dar às crianças bebidas alcoólicas ou ópio para aliviar o incômodo da dentição ou para ajudá-las a dormir. Não muito tempo atrás, na década de 1960, não era incomum que um médico receitasse remédios para dormir para crianças ou que os pais esfregassem uísque nas gengivas de um bebê com dentes nascendo. Hoje sabemos que essas práticas são prejudiciais e algumas pessoas centenas de anos atrás também reconheciam o problema. *The History of Childhood* cita um médico britânico chamado Hume, que em 1799 reclamou de milhares de mortes infantis causadas por enfermeiras que "vivem dando aos bebês *Goldfrey's Cordial*, um opiáceo bastante forte e tão fatal quanto arsênico".

Em outros tempos, era visto como boa prática ensinar aos filhos uma lição sobre certo e errado levando-os para assistirem às execuções públicas. Para fazer com que não esquecessem o aprendizado, os pais batiam nos filhos enquanto assistiam ao espetáculo, vinculando-o à dor física. A prática de espancar uma criança para que ela não esquecesse algo tinha outras aplicações também. Por exemplo, os anglo-saxões batiam nos pequenos para que eles se lembrassem de um determinado dia por motivos legais, como apresentar provas durante um julgamento. A violência física era usada como uma espécie de serviço notarial público ou para preservar bem as memórias.

Hoje em dia, nos preocupamos com a exposição de nossos filhos à violência simulada na televisão ou em videogames, e se ela os dessensibiliza para as atrocidades da vida real. Mas em muitas épocas pode ter sido a própria violência real, não a da

TV, que dessensibilizou as crianças. Pense nas que foram criadas presenciando mortes e torturas aos 5, 6 e 7 anos. Em alguns casos, podem até ter participado dela.[10]

Se chegasse ao nosso conhecimento que um jovem moderno teve uma educação tão sangrenta ou violenta, presumiríamos que ele seria muito traumatizado e que precisaria de terapia e ajuda profissional. É difícil determinar, no entanto, se todos de todas as épocas e culturas seriam afetados da mesma maneira por tais experiências. É possível que aqueles que cresceram vendo animais e pessoas sendo mortos não fossem afetados como seria alguém com as sensibilidades modernas. Hoje podemos supor que certas coisas prejudicariam qualquer ser humano independentemente da época, mas isso pode não ser verdade. Acontecimentos não precisam trazer prejuízos óbvios para gerar seres humanos completamente diferentes. Uma criança (de hoje ou do passado) que tenha testemunhado várias execuções públicas violentas será diferente das outras em nossa sociedade. Qualquer criança moderna que tivesse passado por essas experiências provavelmente seria posta na terapia e talvez medicada por um longo tempo.

Depois de considerar esse tipo de abuso, você poderia pensar que o abandono físico ou emocional de uma criança seria uma questão comparativamente leve —, mas os especialistas modernos que lidam com jovens não têm dúvidas sobre os efeitos negativos da falta de contato prolongado entre pais e filhos. Os psico-historiadores afirmam que tais situações podem ter prejudicado muitas crianças no passado. Isso parece ser óbvio, mas tentar determinar até que ponto afetou o passado em uma escala macro é impossível.

---

[10] Algumas tribos indígenas norte-americanas, por exemplo, consideravam apropriado que mulheres e crianças participassem da tortura de prisioneiros de guerra.

Em muitas sociedades do passado, pais e filhos tinham menos contato do que estamos acostumados hoje.[11] Até o laço afetivo de uma mãe alimentando seu bebê era algo frequentemente terceirizado. Por milhares de anos, em muitas sociedades e culturas, a figura da ama de leite foi muito popular, como mostram relatos na Bíblia e até da antiga Babilônia. Amas de leite romanas se reuniam em um lugar chamado *Columna Lactaria* ("coluna do leite") para ofertar seus serviços. No caso das mães que não conseguiam produzir o alimento ou que morriam no parto, a especialista atendia uma necessidade real, ainda mais porque muitas dessas sociedades não davam leite de outros animais para bebês.

No entanto, a prática muitas vezes significava mandar os bebês para longe de suas casas para que fossem morar com a ama, às vezes por vários anos. A doação de crianças em tempos passados, feita com toda a naturalidade, pode ser chocante para nós; em vários registros dos séculos XVIII e XIX, elas mais parecem filhotes de cachorro do que seres humanos. A sogra de um cavalheiro do século XIX escreveu sobre um bebê que havia sido prometido a outra família: "Sim, sem dúvida o bebê será enviado assim que for desmamado", ela escreveu, "e se alguém quiser outro, peço a gentileza de informar de que temos mais."

O trauma não terminava aí. Depois que o pequeno passava anos se apegando à ama de leite, acabava sendo devolvido aos pais biológicos, arrancado da única figura materna que conhecia.[12] Em certas ocasiões, as amas não eram bondosas com as crianças de quem cuidavam, e o retorno para casa era uma bênção,

---

[11] Isso varia muito, e diversas sociedades tradicionais estão no outro extremo, com mãe e filhos quase colados um no outro, já que passam muito tempo próximos.

[12] Winston Churchill, que cresceu no final do século XIX, foi criado assim. Ele tinha uma ama de leite a quem chamava de *Womb* [Útero], e ela era sua figura materna.

apesar, de uma forma ou de outra, de a criança se deparar com completos estranhos. Lloyd deMause cita um artigo escrito pelo chefe da polícia em Paris, em 1780, estimando que, das 21 mil crianças nascidas na cidade a cada ano, apenas setecentas eram amamentadas por suas mães biológicas. (Maria Antonieta, em uma carta para a mãe, observou que depois de sua filha reconhecê-la como figura materna em uma sala cheia de pessoas "passei a gostar muito mais dela desde então" — o que sugere que não gostava tanto assim antes.)

As crianças também podiam ser vistas muito mais como mercadorias do que como membros da família. Vendê-las era um negócio lucrativo (e em algumas partes do mundo isso ainda ocorre). Elas também eram mandadas para longe de casa para trabalharem. Na Idade Média, as de até 5 ou 6 anos de idade eram enviadas para um castelo ou comunidade vizinha para começarem sua vida de aprendizes. Isso não era visto pelos pais como uma punição ou uma forma de abuso, estava mais para um estágio durante o qual a criança aprenderia habilidades valiosas e necessárias para o sucesso na vida adulta. Desde o início, as famílias de agricultores envolviam todos os seus membros no trabalho de cuidar da terra e pôr comida na mesa.[13] Ver as crianças como nada além de mão de obra barata e facilmente explorável era muito comum. Até o fim da década de 1930, nos Estados Unidos, o trabalho infantil em setores perigosos como a mineração e a manufatura era permitido. Na época, houve muito mais oposição às tentativas de reforma do que se poderia imaginar.

---

[13] Ainda hoje, a maioria das pessoas acha que as crianças que crescem em uma fazenda ajudando a família com as tarefas não só não estão sofrendo maus-tratos como também estão aprendendo o valor do trabalho duro. Então quando é que esse tipo de trabalho passa a ser considerado demais pelas pessoas do século XXI? Não queremos crianças de 10 anos trabalhando no McDonald's, mas achamos ótimo que tenham colhido feijão para os seus pais.

É natural se perguntar por que nossos ancestrais — muitos dos quais eram perfeitamente inteligentes — não viam essas práticas como prejudiciais. No entanto, talvez nosso conceito de "consequências negativas" seja diferente do deles. Eles estavam criando os filhos para viverem em seu mundo, um mundo estranho para nós. Além disso, quem sabe o que os especialistas em educação infantil do futuro dirão sobre nossas práticas atuais? Talvez nossas melhores atitudes de hoje sejam um dia consideradas abusivas ou prejudiciais para os jovens. Em nossa defesa, poderíamos dizer que fizemos o melhor possível com a informação que tínhamos — o mesmo que os nossos ancestrais teriam dito.

Capítulo 3

O FIM DO MUNDO QUE ELES CONHECIAM

A IDEIA DE "PROGRESSO" não é livre de preconceitos. A transição de uma sociedade de caçadores e coletores para uma na qual os humanos vivem nas cidades é mesmo um avanço ou só pensamos isso porque é onde a maioria de nós vive agora?[1] Se uma sociedade alfabetizada for suplantada por uma analfabeta, isso é um retrocesso de civilização? Se a vitalidade econômica e a riqueza de uma sociedade caírem até um nível muito abaixo de seus pontos altos, isso é necessariamente um "declínio"?[2]

Desde o surgimento da civilização, as comunidades "se ergueram" e "decaíram", "progrediram" e "retrocederam" — ou é o que diz a história escrita décadas atrás. Hoje os historiadores referem-se às sociedades como em "transição", em vez de usar termos que

---

[1] Muitos povos afirmam preferir seu modo de vida tradicional ao oferecido pelas sociedades mais "avançadas" que os subjugaram. Seria isso uma manifestação dos preconceitos *deles*?

[2] Há quem afirme que, se desejamos sociedades sustentáveis no futuro, o que vemos como progresso econômico hoje precisa ser reimaginado. Será que um "declínio" em um aspecto do desenvolvimento de uma sociedade pode ser parte do avanço em outro?

denotam um desenvolvimento para frente ou para trás. A continuidade também é enfatizada, enquanto relatos históricos anteriores davam ênfase às rupturas em relação a uma época anterior.

Assim, será que o Império Romano "caiu" para os "bárbaros" ou apenas fez uma transição para uma era mais igualitária e descentralizada, com um estilo mais germânico?

Após o desaparecimento do Império Romano no Ocidente (o período antes chamado de "Idade das Trevas"), as pessoas perderam grande parte de seu poder aquisitivo. Com o passar do tempo, aqueles que viviam nas antigas terras romanas não podiam mais fazer reparos ou reconstruir a infraestrutura ali existente. Os aquedutos, o sistema monetário e as rotas comerciais não eram os mesmos. A alfabetização despencou na maioria das áreas, e grupos começaram a desempenhar algumas das funções que antes cabiam a uma autoridade central organizada.[3] O que diríamos atualmente se não pudéssemos reproduzir os feitos tecnológicos, econômicos ou culturais de nossos antepassados?[4]

O filme *Planeta dos macacos*, de 1968, ilustra didaticamente a falácia inerente da posição de que a *nossa* versão da humanidade é a sua encarnação final. Na produção, um Charlton Heston todo sujo (de tanga, aliás) grita: "Tire suas patas fedorentas de cima de mim, seu maldito gorila sujo!" Seu personagem pensa que os macacos estão abaixo dele, mas, para eles, os humanos é que são a espécie inferior.

No fim, o protagonista escapa. Nas últimas cenas do filme, você o vê cavalgando por uma praia com uma humana incapaz de

---

[3] Mosteiros e outras igrejas são alguns exemplos, assim como autoridades locais como cidades e bispados. Senhores da guerra locais ou governantes também adotaram esse papel em algumas regiões.

[4] É até difícil imaginar algo que se compare. E se ficássemos sem internet, não apenas por um tempo, mas para sempre? E se a humanidade não fosse mais capaz de fazer viagens espaciais?

falar (ou seja, inferior) que ele resgatou. Quando faz uma curva, ele se depara com a Estátua da Liberdade, do busto até a coroa, despontando da areia, e percebemos que a trama é ambientada na Terra em um futuro distante.

"Maníacos! Vocês explodiram tudo!", berrou Heston, socando a areia.

Inconscientemente, nós nos consideramos acima de um fim como esse, e esta é uma das razões pelas quais a última cena de *Planeta dos macacos* é tão eficaz.[5] É inimaginável que nossos descendentes possam acabar em um mundo mais primitivo que o nosso. Assim como devia ser impossível para os romanos de outrora imaginar um futuro em que o lugar que conheciam como a "Cidade Eterna" se transformasse em ruínas.

A PRIMEIRA NARRATIVA canônica ocidental apareceu por volta do século VIII a.C. A *Ilíada* foi supostamente composta por Homero, poeta grego cego, embora os historiadores imaginem que seu texto foi na verdade destilado de uma tradição narrativa oral muito mais antiga.

A *Ilíada* aproveitou uma mistura potente de elementos dramáticos que há muito entusiasmam os humanos. O poema épico apresenta facetas de filmes de super-heróis, misturados com a idade mítica de ouro de um passado longínquo à la J. R. R. Tolkien. É o épico da Antiguidade original, uma saga eletrizante repleta de deuses, semideuses e heróis, na qual os "gregos" deixam sua terra natal para resgatar a esposa de um rei, e atravessam

---

[5] Não temos problema em imaginar a situação como uma obra de ficção científica ou uma distopia. Podemos até mesmo contemplar as consequências da guerra nuclear ou do desastre climático como um resultado que desejamos evitar. Mas é muito difícil para a maioria das pessoas conceber essa possibilidade. Consideramos o colapso de uma civilização uma situação imaginária, não algo que de fato ocorreu.

o mar para lutar uma grande guerra que se estenderia por uma década. No fim, derrubam um reino poderoso e glorioso liderado por um rico monarca. A história tem tudo — magia e batalhas, personagens mortos que voltam à vida como fantasmas, deuses brigando entre si e tomando partido de determinados mortais, sexo e romance entre personagens de lados inimigos, combates sangrentos e mortes heroicas. Apresenta até uma continuação, se a *Odisseia* poder ser considerada uma. Embora nossas narrativas fantásticas e nossos épicos modernos se apresentem como fantasias — e sejam assim interpretados pelo público —, os gregos, macedônios e romanos da Antiguidade consideravam que suas versões estavam mais para história.[6]

Um dos maiores líderes militares da história, Alexandre III da Macedônia (conhecido como "Alexandre, o Grande", 356-323 a.C.), supostamente dormia com uma cópia da epopeia de Homero debaixo do travesseiro, e pode ter se inspirado no maior herói de todos os tempos, Aquiles[7], além de se considerar um descendente direto dele. Antes de atacar o Império Persa em 334 a.C., Alexandre visitou o lugar que os moradores locais diziam ser a tumba de Aquiles, e, segundo os escritores clássicos, vestiu a "armadura antiga" que encontrou lá dentro.[8] Para ele, Troia era o marco de uma grande era passada, e ele usava a armadura antiga de um semideus para provar isso.

Mais tarde, os acadêmicos começaram a discordar que a *Ilíada* fosse um registro histórico. Com abordagens mais céticas e baseadas

---

[6] Alguns dos gregos mais céticos diriam que histórias como a *Ilíada* eram verídicas, apenas exageradas pelos contadores.

[7] Aquiles pode ser considerado a versão grega de um super-herói — afinal, ele era filho de um deus imortal!

[8] Ao longo dos tempos, os habitantes de muitos lugares conheciam o valor das atrações turísticas ligadas à história local. Os bizantinos cristãos compravam "relíquias" que os locais da Terra Santa "encontravam", depois as traziam para casa e as cultuavam.

em evidências, os historiadores no século XVIII que tentavam separar a verdade da fábula consideraram a narrativa das guerras de Troia como lendas. No fim do século XIX, no entanto, um alemão chamado Heinrich Schliemann, uma das várias pessoas que acreditavam na existência da cidade antiga e procuravam por ela, encontrou ruínas em uma colina na Turquia moderna. Com o tempo, foi ficando mais claro que o lugar descoberto por Schliemann era de fato a cidade da qual tratava a história mais antiga do Ocidente. De alguma forma, por meio de centenas de anos de narrativa oral, os gregos mantiveram viva uma lembrança distante de um período avançado e próspero que existira antes da Idade das Trevas.[9]

Essa descoberta de Troia por um amador (como a maioria dos arqueólogos na época) em busca de artefatos foi sensação internacional, e ajudou a impulsionar a era moderna das descobertas arqueológicas. Buscas, escavações e trabalhos de campo em todo o Mediterrâneo e no Oriente começaram a revelar um mundo que já era antigo quando a Atenas de Péricles (495-429 a.C.) e a Esparta de Leônidas (540-480 a.C.) eram jovens. Troia foi apenas uma pequena fração disso. Um retrato de 1500 a.C. mostrava uma paisagem geopolítica de múltiplas potências pela região: o Antigo Egito em seu auge faraônico no Império Novo; o Império Hitita, poderoso e importante, controlando grande parte da Turquia moderna e da Síria; Assíria e Babilônia, sociedades poderosas onde hoje está o Iraque; o povo elamita, ocupando o sudoeste do Irã; Minoa, um grande estado comercial marítimo em Creta; e os micênicos, que ocupavam a Grécia.[10]

Foi uma era de cidades grandiosas, muitas delas coroadas com palácios ornamentados, e a vida urbana no mais alto nível de

---

[9] Os gregos da era clássica às vezes chamavam a época em que se passou a *Ilíada* de "Era Heroica" ou "Idade Mítica". Ela tem ecos da "Primeira Era do Sol", de J. R. R. Tolkien, em seu reino da Terra Média.

[10] Acredita-se que os micênicos sejam os gregos da Guerra de Troia.

sofisticação já visto. Uma época de ouro e riqueza, poder, escrita, comércio, sofisticação militar e comunicação a longa distância. Esta era, que a história moderna chama de Idade do Bronze (aproximadamente 3000 a 1200 a.C.), representa um ponto alto no desenvolvimento da região em muitas áreas. O último estágio da Idade do Bronze foi o mais próspero de todos.[11]

Mas a glória dessa época não duraria. Com a Idade do Ferro, os gregos clássicos de Atenas e de Esparta estavam alcançando níveis de riqueza e comércio e índices de alfabetização comparáveis ao auge da era anterior, por volta de 700 a.C. Aliás, esses Estados e civilizações do fim da Idade do Bronze poderiam muito bem ter sido representados na Idade do Ferro como o *Planeta dos macacos* representou o nosso mundo. Os remanescentes de sua antiga grandeza estavam quase totalmente em ruínas, e sua história foi relegada a mitos e lendas.

---

[11] As categorias históricas que conhecemos hoje surgiram no século XIX, quando os estudiosos rotularam certas épocas do passado para facilitar sua análise. Foi quando as pessoas começaram a usar termos como "Idade da Pedra", "Idade do Bronze" e "Idade do Ferro". Esses períodos tinham suas próprias subdivisões — a Idade da Pedra, por exemplo, foi dividida nos períodos Paleolítico, Mesolítico e Neolítico. A Idade do Bronze, em Inicial, Média e Final. Mas não é uma rubrica perfeita e não denota um ritmo homogêneo de mudança em todos os lugares. O período final da Idade do Bronze se interpõe à Idade do Ferro primitiva, e diferentes sociedades estavam em posições distintas no arco do "progresso". (Não é preciso dizer que os critérios são definidos por quem os criou, e isso pode influenciar a classificação de culturas e sociedades. Se ficar decidido que um povo deve ter dominado o bronze para ser avançado, isso significa que nenhuma sociedade sem bronze é avançada?) Quando a Ásia ocidental estava no início da Idade do Ferro, a maioria, se não toda a Europa, provavelmente, encaixava-se mais nos critérios da Idade do Bronze Final. Quanto mais voltamos no tempo, mais difícil se torna datar períodos específicos, e há muita controvérsia sobre datas na Idade do Bronze. Mas essas épocas específicas são construtos humanos; ninguém vivendo em 1300 a.C. sabia que estava em um período específico. Isso nos leva a pensar que rótulo os futuros historiadores darão à nossa época.

O "colapso da Idade do Bronze" é uma transformação à altura da queda do Império Romano do Ocidente, mas suas causas se tornaram um dos grandes mistérios do passado, fazendo os historiadores bancarem os detetives para determinar a causa da derrocada de um dos períodos mais grandiosos da humanidade.

Aparentemente, tudo aconteceu de forma rápida. É por isso que palavras como "colapso", "destruição" e "queda" são usadas com tanta frequência quando se discute o fim literal de uma era. Ao contrário do Império Romano, não houve "declínio e queda" — a Idade do Bronze despencaria lá do alto, como um colapso no mercado de ações. Uma pessoa mais velha que vivesse nas regiões mais afetadas, de 1200 a 1150 a.C., provavelmente, teria visto um mundo muito diferente daquele em que nascera.

A história escrita um século ou até meio século atrás traz conclusões relativamente definitivas sobre a queda da Idade do Bronze (e uma centena de outros assuntos). Os tempos mudaram. Os padrões e métodos modernos em muitos campos sujeitaram toda e qualquer teoria a testes ácidos que os historiadores do passado nunca sonharam em enfrentar. Da tecnologia de datação às amostras de DNA, passando por milhares de outras ferramentas, os pesquisadores modernos têm recursos que podem revelar — ou contradizer — informações como jamais foi possível.

É natural que, com um exame minucioso, as teorias existentes sejam derrubadas com mais frequência do que se formulam novas teorias. O historiador John H. Arnold afirmou que o relato é um processo contínuo — nunca pode, nem vai, chegar a uma versão final, e as revisões sempre continuarão a acontecer à medida que mais fatos e dados vêm à luz e as teorias mais antigas vão sendo modificadas ou refutadas.

Cada vez mais, os pesquisadores modernos desmentem — ou, pelo menos, põem em dúvida — muitas das teorias sobre o fim da Idade do Bronze. Mas, embora os especialistas de hoje tenham muito mais informações sobre esse período, são eles os que têm menos certeza sobre o que exatamente aconteceu.

Um bom detetive pode ter duas perguntas para definir os parâmetros de qualquer investigação:

1. O que aconteceu?
2. Como (por que) aconteceu?

Se a primeira pergunta não puder ser respondida, será extremamente difícil responder à segunda. E, para dizer a verdade, os especialistas ainda não chegaram a um consenso sobre a questão número 1.

A explicação tradicional por trás da "queda da Idade do Bronze" diz que, em algum momento entre 1250 e 1100 a.C., algo horrível aconteceu nas áreas próximas ao mar Mediterrâneo. Um fenômeno ou acontecimento ou uma série de acontecimentos afetou os Estados e povos do Mediterrâneo central até o leste do Iraque. Centenas de cidades foram destruídas ou abandonadas. Fome, guerra, doenças, turbulência política, vulcões, terremotos, pirataria, fluxos migratórios e mudanças climáticas, como a seca, são eventos registrados em fontes históricas. De alguma maneira, o sistema complexo e interligado de comércio e comunicação que apoiava os Estados centralizados foi perturbado. Por volta de 1100 a.C., muitas das sociedades anteriormente centralizadas haviam se convertido (ou se fragmentado) em entidades políticas menos abrangentes, enquanto a riqueza (como indicavam os bens com os quais as pessoas eram sepultadas) se tornava menos opulenta.

A maioria dos Estados que sobreviveram à era mais parecia um boxeador machucado que passou por uma luta difícil — seu poder e influência estavam diminuídas, talvez para sempre. O Egito nunca mais seria o mesmo. A escrita quase morreria na Grécia.

E o poderoso Império Hitita, grande e com posição de destaque por dois séculos e meio, foi destruído.[12] Vários Estados importantes nunca chegaram a sair da Idade do Bronze.

O historiador Robert Drews afirmou que o fim da Idade do Bronze do Mediterrâneo Oriental foi um dos pontos decisivos mais assustadores da história e uma calamidade para aqueles que viveram no período. De acordo com Drews, quase todas as cidades importantes do Mediterrâneo Oriental foram destruídas em um período de cinquenta anos, do final do século XIII ao início do século XII a.C. Ele listou alguns dos estragos:

No mar Egeu, aquele mundo de palácios que chamamos de civilização micênica desapareceu: embora algumas de suas glórias ainda fossem lembradas pelos bardos da Idade das Trevas, ela caiu no esquecimento até que os arqueólogos descobriram suas ruínas. A perda na Anatólia foi ainda maior. O Império Hitita trouxera ordem e prosperidade ao planalto de Anatólia em uma medida que a região nunca conhecera e que não voltaria a ver por mil anos. Em Levante, a recuperação foi muito mais rápida, e algumas instituições importantes da Idade do Bronze sobreviveram sem passar por grandes mudanças enquanto outras desapareceram. Por toda parte a vida urbana enfrentou desafios. No Egito, a Vigésima Dinastia marcou o fim do Império Novo e do auge faraônico. No leste do Mediterrâneo, o século XII a.C. deu início a uma Idade das Trevas que perdurou na Grécia e em Anatólia por mais de quatrocentos anos. O fim da Idade do Bronze foi, sem dúvida, o pior desastre da história antiga, ainda mais calamitoso do que o colapso do Império Romano do Ocidente.

---

[12] Em anos, o Império Hitita teve mais ou menos a mesma duração que os Estados Unidos têm como nação independente.

Essa é a parte "o que aconteceu" da investigação.
A segunda diz respeito ao "como" ou "por que" isso aconteceu.
As teorias sempre foram muitas:

1. Os povos do mar (e outras causas derivadas)
2. Fome/mudança climática/seca
3. Terremotos/vulcões/tsunamis
4. Pragas
5. Guerras internas
6. Sistemas entraram em colapso
7. Um ou mais desses fatores

Há ainda outras possibilidades.[13] Mas o problema não é encontrar evidências — parece haver dados disponíveis para apoiar as hipóteses a favor e contra todas essas suposições —, a questão é que os danos foram tão extensos que é difícil imaginar uma única coisa capaz de causar uma devastação tão generalizada e duradoura.

Além disso, as evidências são meio complicadas.[14]

Muitas vezes, quando ruínas de cidades de milhares de séculos atrás são descobertas, vemos sinais do que levou ao seu fim. As camadas de fuligem e cinzas dos edifícios incendiados são a evidência mais óbvia na maioria dos locais, mas corpos caídos pelas ruas, armas fincadas nas muralhas e outros indícios também são encontrados. Isso indica que a cidade teve um fim violento, mas não quem foi o responsável. Os primeiros suspeitos costumam

---

[13] Tais como colapso cultural, revoluções políticas, guerra civil. Algumas dessas podem ser classificadas como possíveis efeitos colaterais de outras já listadas.

[14] E inconsistentes. Para cada pesquisador que demonstra a destruição generalizada de muitas cidades, outros respondem mostrando diversos enclaves urbanos que sobreviveram e até prosperaram nessa época. O Chipre, por exemplo, pode ter prosperado enquanto outros povos ao redor enfrentavam dificuldades.

ser as forças estrangeiras, mas os culpados também poderiam ter sido os próprios habitantes da cidade travando uma guerra civil ou passando por uma turbulência política.[15] É difícil identificar o culpado com base apenas nas evidências arqueológicas.

Os registros escritos podem ser usados para confirmar os achados arqueológicos, mas trazem seus próprios desafios. Primeiro, a Idade do Bronze ocorreu há muito tempo, obviamente, e a Bíblia hebraica só seria escrita séculos depois do fim dela. Apesar de uma quantidade surpreendente de material escrito (mais uma vez, um claro sinal de uma era avançada), ainda não é suficiente para resolver o enigma.

No entanto, há inscrições que datam desse período discutindo assuntos que podem estar relacionados a esse mistério.

Se, por exemplo, você encontrar resquícios arqueológicos de cidades destruídas e, em seguida, descobrir relatos escritos de saqueadores invadindo essa área mais ou menos na mesma época, as evidências parecerão condenatórias. No Egito, há registros oficiais (com gravuras!) esculpidos em pedra que mostram confrontos violentos com os misteriosos "povos do mar".[16] Os egípcios fizeram parecer que essas populações estavam estuprando, pilhando e queimando cidades por todo o Mediterrâneo Oriental como uma horda de vikings da Idade do Bronze. Por décadas, os historiadores pensaram que eles fossem a principal razão para o caos no período final da era.

---

[15] Em Hattusa, capital hitita, a fortaleza real e os principais edifícios públicos foram destruídos, mas as residências particulares permaneceram intactas. Isso faz parecer que os símbolos do poder estatal foram um alvo deliberado em vez de, por exemplo, a cidade ter sido saqueada por um exército estrangeiro. Será que são indícios de uma revolta política ou uma revolução em vez de uma guerra? O mistério aumenta...

[16] Este é um termo moderno. Esses povos, suas origens e, muitas vezes, seu destino são um mistério para nós. Os egípcios os nomeavam individualmente por tribo.

Mas será que os registros egípcios podem ser tomados como verdade absoluta? Poderiam ser enganosos ou mesmo uma mentira descarada? Os historiadores são treinados na arte de interpretar evidências com um olhar cético, e encontraram certos problemas nesses relatos.

Diversos governantes egípcios documentaram confrontos violentos com os povos que eles diziam ser do mar ou das ilhas. Referiam-se a uma ou outra tribo como "do mar", "dos países do mar" ou, então, mencionavam "suas ilhas". Esses povos eram pintados como tribos diferentes ou estados dedicados à guerra sem uma origem clara.[17] Quando teve início o período de crise do final da Idade do Bronze, pelo menos um faraó usava algumas dessas tribos guerreiras, o tal "povo do mar", como mercenários lutando pelo Egito, então é improvável que fossem povos totalmente estranhos. Podemos não saber quem eles eram ou de onde vieram, mas é muito possível que os egípcios soubessem.

Ramsés III (1217-1155 a.C.) dizia ter derrotado alguns grupos desses povos do mar em uma batalha que costuma ser datada do meio do período de crise (1180 a.C.).[18] Os relatos escritos que sobreviveram o retratam como uma espécie de baluarte da civilização, lutando contra uma coalizão de forças estrangeiras que, segundo ele, haviam conspirado para se unir e até então tinham sido invencíveis. Ramsés contava que esses povos ou tribos já haviam derrubado vários outros grandes Estados, estuprando e pilhando as costas e os mares como os nórdicos antigos —, até que se depararam com *ele*: "Os países estrangeiros conspiraram

---

[17] "Nortistas de todas as terras", foram chamados certa vez. Para o Egito, a maioria dos povos vivia ao norte.

[18] O período preciso dos governantes egípcios é difícil de determinar e mudou um pouco ao longo das épocas. Além disso, alguns registros referem-se aos reinados para estabelecer datas enquanto outros usam o nascimento e a morte do governante ou da figura histórica.

em suas ilhas. De uma só vez, as terras foram arrasadas. Nenhum povo podia resistir às suas armas, hatitas, quizuatna, carquemis, os reinos de Arzawa e Alaxia. Um acampamento foi montado em Amurru. Dizimaram seu povo e destruíram sua terra, foi como se nunca tivessem existido. Estavam vindo em direção ao Egito enquanto o fogo era preparado para eles. Sua confederação era formada pelos filisteus, Tjeker, Seleces, Denen e Weshesh, terras unidas. Puseram suas mãos sobre as terras, seus corações estavam cheios de confiança quando disseram "Nossos planos serão bem-sucedidos!"[19]

O faraó disse que os planos dessas muitas tribos estrangeiras falharam, que os egípcios conseguiram deter a invasão e os sobreviventes não tiveram um final feliz: "Quanto aos que alcançaram minha fronteira, não terão semente, seu coração e sua alma foram apagados para todo o sempre. Quanto aos que avançavam vindos dos mares, o fogo se elevou diante deles nas bocas do Nilo, enquanto as lanças os cercaram na praia, onde se viram prostrados, mortos e destroçados."

Não é incomum que alguém que não é historiador tome esse relato como verdadeiro, e de fato ele pode trazer informações extremamente importantes. Mas podemos acreditar nele sem ressalvas?

Alguns estudiosos lembram que Ramsés III pode ter exagerado um pequeno conflito para exaltar sua própria grandeza. Outros sugerem que ele estava simplesmente recontando um evento que se dera no governo de um faraó anterior (Merneptá, que reinou no período 1213-1203 a.C. e esculpiu um relato de suas vitórias nas paredes do Templo de Karnak) e tentando levar o crédito. Sem dúvida, ele mentia em alguma medida, já que historiadores e arqueólogos provaram que algumas das cidades que ele alega ter destruído permaneceram de pé. E talvez Ramsés III estivesse

---

[19] Trecho de uma gravação da vitória de Ramsés III, faraó egípcio.

escrevendo com um público em particular em mente e quisesse que essas pessoas soubessem ou acreditassem em certas coisas. Possíveis motivações e contexto são cruciais para decidir até que ponto pode-se acreditar em um relato contemporâneo.

Por fim, temos todos os dados complementares valiosíssimos que podem ser obtidos graças à tecnologia e aos métodos científicos modernos. Entre os especialistas investigando o mistério da Idade do Bronze estão pessoas que estudam clima, vulcões, terremotos, tsunamis, tendências agrícolas, arqueologia subaquática, paleoambiente e uma série de outros campos. Mas não é fácil tirar conclusões definitivas a respeito do que aconteceu a partir de tais informações. Pelo menos, não por enquanto.

Se olharmos de novo a nossa lista de principais suspeitos e os argumentos a favor e contra, a dificuldade de resolver um caso tão antigo fica evidente.

Suspeito Nº 1: Os povos do mar (e outras causas derivadas)

Parte do que torna o estudo da Antiguidade tão interessante é que muitos povos parecem surgir do nada nos registros históricos. É que nem *Star Trek*, mas sem as viagens espaciais. Povos como os arameus, os frígios ou os cassitas, que não pareciam estar lá antes, de repente, surgem por toda a parte.

Quanto mais distante no passado, mais a história parece comprimir os acontecimentos, e as tendências que ocorreram ao longo das gerações parecem acontecer quase que instantaneamente. Essa "aparição súbita" de uma nova tribo ou de um povo na história antiga pode ter ocorrido ao longo de muitas gerações. O que a história chamou de "invasões" podem muito bem ter sido migrações, e o que ela chamou de "migrações" e retratou como povos inteiros se deslocando ao mesmo tempo pode ter estado, em muitos casos, mais para uma imigração gradual e a longo prazo.

É possível que tenha sido assim com os chamados povos do mar.

Os povos do mar eram o inimigo público número um no que poderia ser chamada de "teoria da invasão". Em meados do século XX, a tendência era retratar o mundo urbano "civilizado" da Idade do Bronze como um oásis de desenvolvimento cercado por um mar de bárbaros belicosos. Quase que por osmose, as tribos do lado árido eram atraídas para o lado dos povos "civilizados" e ricos (e amenos). Aquele mar humano só era mantido do lado de fora com grande esforço. Às vezes, as tribos bárbaras conseguiam invadir e dominar uma determinada cidade, região ou mesmo Estado.

De acordo com essa visão, a crise no final da Idade do Bronze foi semelhante a uma tempestade que agitou muitos desses povos de fora, liderados por guerreiros ferozes que oprimiram todos, exceto as entidades políticas mais fortes.

Conforme escreveu o historiador Chester G. Starr em 1965:

> *Os monarcas* [da Idade do Bronze] *só notaram tarde demais que as ondas de invasão estavam aumentando. Do deserto, tribos semitas arremetiam contra as fortificações das cidades; ao norte, um ataque terrível eclodiu no final do século XIII. Ugarit foi queimada e destruída para sempre, assim como muitas outras cidades sírias; o reino Hitita desapareceu do mapa pouco depois de 1200, e também os micênicos na Grécia. O Egito de Ramsés III (1182 a 1151), atacado por terra e mar, mal conseguiu conter a tempestade. A Assíria também sobreviveu, mas perdeu qualquer capacidade de expansão pelos séculos seguintes.*

Várias outras hipóteses, outrora populares, também poderiam ser incluídas na teoria da invasão. Por exemplo, a ideia de que grande parte da calamidade da época possa ser atribuída à descoberta e ao amplo uso (por alguns) do ferro cai como uma luva nas hipóteses de que a guerra teve um papel fundamental no colapso da Idade do Bronze. Muitos pensavam que o ferro era a arma secreta do mundo antigo, e que quando alguns povos adquiriram habilidade e conhecimento suficientes para produzi--lo, ganharam uma vantagem militar imensa sobre seus inimigos. Dizia-se que os povos com essa capacidade (como os hititas) guardavam a sete chaves o segredo de sua fabricação.

Essa ideia é menos popular hoje, mas evoluiu um pouco e foi incorporada por outras teorias a respeito do colapso do comércio regional, por exemplo. O comércio de cobre e estanho entre os estados desenvolvidos era um pilar fundamental da economia no Mediterrâneo interligado da Idade do Bronze.[20] Poucos lugares tinham ambos os metais, de maneira que o comércio era vital e lucrativo. O principal valor do ferro tinha menos a ver com a sua dureza e mais com a sua abundância.[21] Se fosse mais barato equipar soldados com armas de ferro do que de bronze, isso sem dúvida teria implicações militares. Se prejudicasse seriamente as economias dos principais Estados comerciantes, também teria grandes repercussões.[22]

---

[20] O bronze é feito a partir de uma mistura de cobre e estanho. Arqueólogos frequentemente encontram os dois metais armazenados a bordo de navios comerciais já na proporção exata necessária para produzir o bronze.

[21] "Ferro" é uma palavra estranha aqui, já que se transformou em um tipo de aço conforme sua fabricação foi sendo aprimorada ao longo do tempo. A imagem de um exército com armas de ferro cortando facilmente as armas de bronze de seus oponentes é sem dúvida um mito. As de bronze ainda eram produzidas e muito valorizadas por bastante tempo depois dessa era. O ferro, afinal de contas, enferruja com facilidade, e o bronze polido é belo.

[22] Outra teoria apresentada por Robert Drews sugere que os povos do mar podem ter usado novas armas e táticas de infantaria para vencer os sistemas militares — que eram baseados em carruagens — dos Estados da Idade do Bronze.

E há ainda dois últimos elementos em jogo que podem entrar na categoria "povos do mar e amigos" — a pirataria e a migração humana. Estes também têm a ver com os próximos suspeitos na lista.

Vamos começar pela pirataria. Sejam os egípcios falando sobre os "nortistas em suas ilhas" ou os resquícios da correspondência da costa do Levante, nos últimos estágios da Idade do Bronze (e o que aconteceu na famosa "Era Viking", de cerca de 700 até 1100 d.C), tudo leva a crer que surtos periódicos de pirataria em larga escala não eram uma ocorrência incomum. Além dos ataques a assentamentos costeiros e da queima de aldeias e cidades, a tomada de navios e o roubo de cargas no mar poderia causar estragos na rede de comércio marítimo do Mediterrâneo. Atividade pirata nessa região sem dúvida era normal,[23] mas se as circunstâncias aumentassem demais essas ocorrências, isso poderia ameaçar o sistema. Os povos do mar receberam a maior parcela de culpa pela pirataria, mas registros mostraram que em alguns casos os bandidos podem ter vindo da mesma cidade-estado de suas vítimas, talvez, porque as pessoas recorressem à pirataria quando as condições econômicas pioravam.

Mas os piratas atacam e depois fogem, e alguns deles podem ter desejado se mudar em caráter permanente para os Estados mais avançados ou ricos. Já é antiga a hipótese de uma versão da Idade do Bronze do *Völkerwanderung*[24] germânico (em outras palavras, uma migração), perturbando o equilíbrio e desencadeando o colapso do período. As inscrições egípcias mostram famílias em

---

[23] A pirataria não era uma prática rara no Mediterrâneo pré-moderno. Mais de mil anos após o fim da Idade do Bronze, o romano Júlio César seria capturado por piratas em troca de um resgate. Quase três mil anos depois, o presidente dos Estados Unidos, Thomas Jefferson, teve que enviar forças navais para lidar com os Piratas da Barbária do Mediterrâneo!

[24] Leia mais sobre isso no capítulo 5.

carroças acompanhando alguns dos povos do mar e das tribos da Líbia. Isso significaria que povos inteiros estavam procurando por um novo lar, dispostos a conquistar novas terras à força, se necessário. Os egípcios estavam até acostumados a isso, pois ocupavam um terreno relativamente rico em sua região; os povos líbios do oeste, os núbios ao sul e vários "asiáticos"[25] tentavam invadir ou se estabelecer em suas terras. Em alguns desses casos, pode ser difícil traçar uma linha tênue entre a migração humana e a invasão.

A teoria da invasão supõe que esse surto da violência bárbara no fim da Idade do Bronze tenha sido um fenômeno mais ou menos difundido, talvez envolvendo grupos de povos diferentes, dos Balcãs até a China, e com ataques simultâneos.

Essa teoria é menos popular hoje, no mínimo, porque algumas das invasões oferecidas como prova foram postas em dúvida. Será que os "dóricos" invadiram e conquistaram a Grécia como parte dessa calamidade? Oitenta anos atrás, a maioria dos historiadores concordaria que sim, e teria culpado as invasões pela entrada da Grécia na Idade das Trevas. Hoje, poucos estudiosos acreditam que essas invasões tenham acontecido. E se várias não ocorreram — se, em vez disso, foram mais fragmentadas e menos abrangentes —, fica difícil culpá-las por derrubarem todo o sistema. Alguns chegaram a sugerir que podem ter sido um mito histórico.

Embora ainda existam defensores da ideia de que os povos do mar foram um fator fundamental para o fim da Idade do Bronze, eles são, hoje, vistos mais como um efeito do que uma causa. As migrações, a pirataria e até as invasões podem ter sido uma resposta a outra coisa...

---

[25] Termo genérico usado pelos egípcios para alguém que vinha dos territórios a leste e nordeste do país.

Suspeito Nº 2: *Fome/Mudança climática/Seca*

Os Quatro Cavaleiros do Apocalipse são comumente chamados de Conquista (ou Peste), Guerra, Fome e Morte. Em grande parte do mundo moderno, eles não parecem mais tão assustadores quanto costumavam ser. Guerra e conquista ainda existem, é claro, mas nada nas proporções de uma Terceira Guerra Mundial (ainda). Não somos mais capazes de entender o que nossos antepassados passaram com as doenças (pestes).[26] E uma fome que atinja a sociedade inteira é algo raro na maior parte do mundo. Parece que muito das trevas em que a humanidade viveu desde tempos imemoriais foi eliminada do nosso futuro.

Mas, a longo prazo, não é muito sensato apostar contra qualquer um dos quatro cavaleiros. Seu histórico é terrivelmente eficiente.

Um dos fatos que a maioria de nós sequer questiona é o nosso acesso à comida. Há *indivíduos* desnutridos e famintos em cada país, mas uma escassez de alimento que afete sociedades inteiras é algo muito, muito raro. Dificuldade de acesso foi mais a regra do que a exceção até não muito tempo atrás. É apenas por causa de mudanças mais ou menos recentes que nossa produção de alimentos é suficiente para sustentar a população atual. Nossos sistemas modernos de entrega e logística permitem que grandes quantidades sejam enviadas de forma confiável e armazenadas nas prateleiras de lugares distantes. Quando as cenas mostrando a fome moderna aparecem nos anúncios de caridades na televisão, a realidade exibida na tela é quase incompreensível para a maioria de nós. Mas imagine como seria alimentar hoje trezentos milhões de pessoas nos Estados Unidos com a tecnologia agrícola de duzentos anos atrás.

---

[26] Para mais informações sobre pragas, leia o capítulo 6.

De fato, ocorreram alguns incidentes em que um grande número de pessoas morreu de fome em cidades ou países desenvolvidos em meados do século XX. A visão incomum de humanos morrendo desta forma, ao lado de edifícios modernos, não combina com a nossa expectativa, a de que isso ocorra apenas em sociedades pobres, devastadas pela guerra, atingidas pela seca e subdesenvolvidas, às margens do mundo globalizado. Estamos acostumados a pensar assim pela história recente. É difícil imaginar Londres, Tóquio e Nova York com mortes por causa da fome.

Mas essa é a experiência que precisamos imaginar quando pensamos no assunto. As histórias que as testemunhas modernas e as vítimas da fome contam são de locais que entram em colapso porque não há comida. Imagine o que aconteceria se a região onde você mora parasse de receber suprimentos. Como Garry J. Shaw sugere, isso pode explicar os povos do mar, migrações, invasões ou insurreições:

> *Quando pessoas em número suficiente são motivadas pelo desespero, nem mesmo o Estado mais poderoso é capaz de detê-las; símbolos de riqueza e prestígio não significam nada se pessoas suficientes rejeitarem seu significado. Em tempos assim, alguns vão se revoltar, queimar tudo e se reconstruir sobre as cinzas. Outros vão partir. E assim, nesses tempos de instabilidade, doença, violência, fome e seca, os diversos "povos do mar" escolheram a segunda opção: viajaram para o leste, trazendo suas famílias e posses consigo, deixando sua terra natal para trás. Para se sustentarem ou enquanto tentavam se estabelecer, às vezes recorriam à violência, provavelmente apoiados por mercenários, criando suas lendas.*

Foram encontrados indícios da fome durante os últimos séculos da Idade do Bronze no Mediterrâneo. Os hititas, em especial, pareciam enfrentar uma crise terrível durante um período longo; uma última carta desesperada enviada da capital, antes da destruição da cidade, fala da miséria. No Egito, os achados em um cemitério mostram que a população da época muitas vezes sofria de desnutrição. E o povo da Líbia, que parecia sofrer com o mesmo mal, invadiu e migrou para o Egito durante muitos séculos em busca de comida.[27]

A fome pode ter muitas causas. Pragas de insetos, rios e fontes de água secando ou mudando de curso, sistemas complexos de irrigação destruídos, más práticas agrícolas. Em geral, porém, o clima é a maior ameaça. Mesmo na era atual, a total dependência da agricultura em relação às condições climáticas é capaz de nos deixar mais humildes. Nenhuma nação está imune a elas. O clima árido no Meio-Oeste dos Estados Unidos gerou a seca *Dust Bowl* dos anos 1930, durante a Grande Depressão, que, por sua vez, desencadeou um fluxo migratório e provocou mudanças históricas cujos efeitos são sentidos até hoje. Eventos semelhantes devem ter acontecido inúmeras vezes no passado da humanidade.

Explicações do fim da Idade do Bronze relacionadas ao clima são mais populares atualmente, considerando a atenção que essas mudanças vêm recebendo, mas historiadores já teorizam há muitas décadas que a seca foi o que despertou os Quatro Cavaleiros. Uma seca prolongada, que tenha dado início a um período de privação severa, sem dúvida, poderia ter levado a reações em cadeia que, em retrospecto, explicariam eventos como pirataria, migrações e até turbulências internas.

O historiador Malcolm H. Wiener escreveu: "A guerra e as migrações podem ser tanto o efeito quanto a causa da crise alimentar, ainda mais nas áreas em que a capacidade produtiva

---

[27] São os registros egípcios que apontam isso como causa. Com o tempo, haveria faraós de ascendência libanesa, depois de séculos de migração e imigração mudarem a sociedade local.

da terra já vinha sendo explorada ao máximo. As consequências podem ser cumulativas, a escassez de alimentos levando ao uso excessivo da terra disponível, degradando-a ainda mais; às rebeliões das tropas, da população ou de prisioneiros; e/ou à perda de legitimidade dos governantes quando se acredita que tenham perdido a bênção divina."

É difícil precisar até que ponto a fome era normal e esperada, e quando uma situação especialmente ruim representava uma ameaça maior. Estudos têm mostrado indícios de uma privação prolongada mais ou menos na época relevante em algumas dessas áreas.[28]

Um contra-argumento de alguns estudiosos, no entanto, é que as secas não são incomuns nessa zona climática, porque grande parte do leste do Mediterrâneo já é um pouco árida. Então por que, de repente, um período de seca intensa derrubou uma cadeia de sociedades antigas em uma região onde elas não eram tão raras? E, se a seca explica o motivo para uma migração, por que essas pessoas deixaram suas casas para migrarem justo para áreas ainda mais áridas?[29]

A fome gera uma pergunta semelhante: se não era assim tão rara, por que derrubou sociedades no fim da Idade do Bronze, e não em qualquer uma das outras vezes em que ocorreu? É possível, mas provar isso é um desafio que os investigadores históricos ainda enfrentam.

Se a seca, a privação ou algo semelhante está por trás do colapso da Idade do Bronze, por outro lado, não causou suas mudanças matando todo mundo de fome. Esta estaria mais para uma faísca que explodiu o barril de pólvora dos efeitos colaterais. No entanto, é dificílimo, ainda mais milhares de anos depois, identificar

---

[28] Mas, como sempre, esses indícios foram questionados por especialistas que têm teorias diferentes.

[29] Estas são algumas das descobertas dos especialistas sobre migrações de pessoas devido a suspeitas de secas ou condições áridas.

o que causou o quê. Como ligar os pontos, por exemplo, entre um ataque dos povos do mar e sinais de uma seca em sua terra natal? Ter datas mais precisas para cada evento seria de grande ajuda para resolver esse quebra-cabeça. Uma seca cem anos após as invasões dos povos do mar não poderia tê-las causado, mas se acontecesse dez anos antes dos grandes ataques relatados pelos faraós, então poderia de fato ter estimulado uma migração. Mas a ciência tem suas dificuldades para definir anos específicos sobre algo que ocorreu há mais de três mil anos.

Isso nos leva ao próximo suspeito.

Suspeito N° 3: Terremotos/Vulcões/Tsunamis

Primeiro, vamos sair da nossa linha do tempo e pular para o ano de 1815, quando o vulcão monte Tambora entrou em erupção no lugar que é hoje parte da Indonésia. É a única erupção nos últimos mil anos classificada com 7 de um máximo de 8 pontos no Índice de Explosividade Vulcânica (IEV).[30] A atividade causou tsunamis e terremotos, escureceu os céus e liberou cinzas suficientes para cobrir uma área de 60 mil acres a uma profundidade de 3,6 metros. Os efeitos no clima global foram profundos: 1816 ficou conhecido como "o ano sem verão". E, entre outras coisas, acreditava-se ser a causa da fome.

Poucas erupções vulcânicas alcançaram um nível tão alto no IEV desde que os seres humanos começaram a registrá-las. Uma aconteceu perto do final da Idade do Bronze, no leste do Mediterrâneo, coração do planeta até então.

Hoje, no lugar onde ficava o vulcão está a ilha grega de Santorini, mas os antigos gregos a chamavam de Tera. Como o Tambora,

---

[30] Assim como na escala Richter para terremotos, cada nível do IEV representa um enorme aumento de intensidade.

a erupção do Tera foi um dos eventos vulcânicos mais poderosos da história da humanidade. Contudo, ao contrário do outro, não temos relatos contemporâneos sobre o assunto. Os cientistas conseguem encontrar sinais de sua atividade por toda a região, mas ainda não são capazes de datar o ano em que ocorreu. Se isso fosse possível, a erupção se tornaria um marco que ajudaria a datar outros eventos.[31] Os estudiosos chegaram a um consenso sobre uma data aproximada, identificando o século — normalmente entre 1630 e 1500 a.C. —, embora seja uma margem de erro pequena quando se fala em milhares de anos, ainda é ampla o suficiente para dificultar a investigação. Uma vez que o fim da Idade do Bronze é datado por volta de 1200 a.C., quanto mais tarde tiver ocorrido a erupção, mais provável é que tenha tido efeito sobre a catástrofe.[32]

Os especialistas ainda debatem a maioria dos detalhes relacionados à erupção em Tera. Além da questão da data, a extensão dos danos causados às áreas vizinhas ainda está em discussão. Se teve um papel na queda da idade, qual foi ele? Os tsunamis são apontados como uma possibilidade. Um ou vários poderiam ter sido gerados pela erupção, e essa tese é quase universalmente aceita, mas há divergências sobre a sua magnitude e que danos teriam gerado. A maioria dos tsunamis decorrentes da atividade do Tera teria sido criada pela adição rápida de enormes quantidades de material expelido no mar, que poderiam produzir

---

[31] Algo com grande potencial para ajudar no processo de datação são eventos astronômicos como um eclipse. Como os especialistas, em geral, podem datar os do passado com precisão, qualquer um que tenha sido registrado em relatos ou documentos da época pode fornecer uma informação precisa e confiável para auxiliar na datação de outros acontecimentos.

[32] Ocorreram manifestações vulcânicas em outros locais mais distantes do Mediterrâneo Oriental (na Islândia, por exemplo), mas talvez mais próximas ao período da catástrofe, que também foram apontadas como possíveis fatores para o fim da Idade do Bronze.

ondas gigantescas (assim como uma geleira que se parte produz algumas enormes).[33] Essas ondas, chamadas de megatsunamis, são bastante diferentes dos sísmicos, mais conhecidos. Enquanto esse segundo tipo é quase pequeno demais para ser notado ao passo que se desloca pelo mar aberto e explode em altura somente quando se aproximam da costa, os megatsunamis já atingem seu nível máximo ao serem gerados e vão perdendo força e altura à medida que avançam por quilômetros de água. Os sísmicos são muitas vezes precedidos por um recuo estranho do mar, com a água voltando com força total, enquanto os megatsunamis estão mais para ondas surpresa — podem surgir do nada.

A importância das ondas se dá porque uma das teorias sobre como um vulcão poderia ter relação com o fim da Idade do Bronze afirma que os tsunamis teriam dizimado as áreas costeiras de Estados próximos. Os navios no porto teriam sido danificados por qualquer um, mas um megatsunami também poderia causar estragos em navios em mar aberto. Uma imensa muralha de água avançando pelo oceano seria capaz de afundar qualquer coisa em seu caminho.[34]

A ilha de Creta, coração e alma do poderoso Estado minoico, ficava perto de Tera, e acredita-se que tenha sido uma das vítimas do vulcão.[35] Se os navios, as instalações e, talvez, os assentamentos e a população costeira da ilha foram seriamente afetados ou destruídos pelo mar, o impacto resultante sobre a economia da região pode ter sido enorme.

---

[33] Especialistas descobriram uma grande quantidade de material vulcânico debaixo d'água na costa de Santorini.

[34] A altura da onda, sua inclinação e outras características entram em jogo aqui. Algumas são mais prejudiciais a embarcações em alto mar do que outras; por exemplo, as que quebram muito próximas ou muito íngremes.

[35] Há quem diga que a Creta da Idade do Bronze inspirou a lendária Atlântida de Platão.

Também foi sugerido que danos em grande escala poderiam ter enfraquecido os minoicos, tornando-os um alvo tentador para os predadores geopolíticos em sua região. Em algum momento entre 1450 e 1370 a.C., a maioria dos grandes palácios minoicos foi destruída e, por fim, a localidade e a cultura foram dominadas pelos micênicos.[36] Mas se a nação minoica entrou em declínio por volta de 1400 a.C., isso ainda aconteceu dois ou mais séculos antes dos outros possíveis motivos do colapso. É possível que o vulcão e o tsunami resultante tenham sido responsáveis por uma reação em cadeia que desestabilizou um sistema até então estável, mas haveria um período longo entre a causa e o efeito.

Outro tipo de desastre natural muito citado quando se discute o fim da Idade do Bronze são os terremotos. Há alguns elementos em comum nessa hipótese, porque a erupção do Tera pode ter sido provocada ou precedida por tremores, e estes podem ter contribuído para os danos gerados pelo vulcão. Além de também serem uma das principais causas dos tsunamis.

Não há dúvida de que os terremotos foram visitantes comuns dessa região com tantos abalos sísmicos. Os pesquisadores encontraram danos causados (às vezes, até corpos esmagados) em estruturas por todo o leste do Mediterrâneo e oeste da Ásia. Aliás, parece ter havido vários grandes terremotos na época do fim da Idade do Bronze, e muitas cidades importantes na área mostram indícios de que sofreram com eles. Antes dos edifícios estabilizados e das técnicas de construção modernas, em um período em que fogueiras eram comuns, os sismos podem ter sido mais devastadores do que seriam hoje. Certamente, a capacidade de lidar com as consequências de um fenômeno assim é melhor

---

[36] Que, se a lenda da Guerra de Troia tiver algo de verdadeiro, é um povo que saqueou o Estado alguns séculos depois desse período. O rei Agamenon da *Ilíada* era o rei de Micenas.

nos tempos modernos. Se um terremoto e um tsunami matassem cinquenta mil pessoas hoje, os escombros e as construções danificadas seriam muito mais fáceis de limpar e recuperar do que em uma sociedade da Idade do Bronze.

Ainda assim, há indícios de reconstrução após os terremotos históricos, o que mostra que tais eventos não foram totalmente fatais e que a sociedade afetada era capaz de seguir em frente. Mas isso não significa que a população, a prosperidade ou o poder geopolítico e a influência fossem ser os mesmos depois de um desastre.

Um único fenômeno (como terremotos, secas, vulcões ou tsunamis) pode explicar por que determinada cidade ou área sofreu danos, mas não por que toda a região do Mediterrâneo e da Ásia Ocidental foi afetada por algo no fim da Idade do Bronze. Por que um vulcão e um tsunami que atingissem uma ilha do mar Egeu prejudicariam a Babilônia e a Assíria, localizadas onde hoje fica o Iraque?

Suspeito Nº 4: Pragas

A varíola é uma das doenças mais infames da história. Para se ter uma ideia de sua gravidade, ela matou cerca de 300 a 500 milhões de pessoas só no século XX,[37] sendo erradicada apenas em 1980[38] — o que significa que meio bilhão de pessoas foram mortas pela doença em apenas oito décadas. As que não sucumbiram a ela, muitas vezes, acabaram cegas e desfiguradas por cicatrizes. Felizmente, não lidamos mais com a varíola, mas a doença existe há

---

[37] A Segunda Guerra Mundial matou entre 70 e 85 milhões de indivíduos. Esse número inclui as mortes na Segunda Guerra Sino-Japonesa, que começou vários anos antes do ataque alemão de 1939 à Polônia.

[38] "Erradicada" é uma palavra um pouco enganadora. O vírus da varíola ainda existe em espécime, e seu uso como arma é uma ameaça em potencial.

milênios. Quando a múmia do faraó Ramsés V (r. 1149-1145 a.C.) foi examinada, foram descobertas cicatrizes típicas, indicando que ele pode ter morrido da doença.[39] A varíola matou vários monarcas europeus e cinco imperadores japoneses, e foi, provavelmente, a causa de muitas pragas anteriores, como a da antiga Atenas em 430 a.C.[40] A varíola também foi uma das principais causas dos falecimentos dos povos indígenas das Américas e da Austrália após o primeiro contato com navegadores, a maioria dos quais pode ter morrido da doença antes mesmo que os europeus que a transmitiram através da barreira oceânica os encontrassem de fato.[41]

Assim como é difícil para a maioria de nós imaginar a insegurança alimentar que era tão comum na maioria das populações humanas ao longo da história, é complicado compreender a gama de doenças contra as quais os povos do passado não tinham defesa. A coisa que mais nos separa dos seres humanos em épocas anteriores é como as enfermidades nos afetam. Ainda somos vítimas de males de todos os tipos, mas, ao contrário de épocas distantes, temos agora muito mais recursos para reagir e uma melhor compreensão das razões por trás dos surtos. Pragas reais — uma experiência comum na história humana — são, felizmente, raras hoje em dia. Um de nossos maiores medos modernos em relação

---

[39] A época nunca é absoluta, mas, supondo que as datas usadas não estejam muito erradas, esse faraó teria vivido em uma era de transição, talvez nascendo durante o que hoje chamamos de final da Idade do Bronze e morrendo algum tempo depois de seu fim oficial. Será que o fato de o faraó ter varíola tem relação com a nossa investigação? São apenas os efeitos normais da varíola? Ou poderia indicar um surto mais severo? Os hititas acreditavam que os egípcios foram responsáveis por lhes transmitir a praga.

[40] Às vezes a doença que causou uma praga na Antiguidade pode ser identificada a partir dos sintomas documentados ou por meio de exames dos restos mortais encontrados, mas, muitas vezes, os especialistas precisam adivinhar qual doença estava por trás de um surto histórico.

[41] Depois que a doença se espalhou pelas primeiras tribos que entraram em contato com os europeus, os próprios indígenas a transmitiram para o interior do continente.

a doenças é o de que poderíamos voltar a ter uma peste tão ruim quanto qualquer uma das épocas passadas.[42]

Fontes históricas levam a crer que Hattusa (capital hitita) enfrentou a fome e uma praga nesse período da Idade do Bronze.[43] Dois governantes hititas seguidos morreram devido a uma doença por volta de 1320 a.C. Há relatos de uma praga no Levante, no Chipre e no Egito. A população de várias regiões da Grécia diminuiu nesse período, o que pode ter relação com um surto de enfermidades.

No entanto, os Quatro Cavaleiros do Apocalipse frequentemente cavalgam juntos, e, assim como a fome e a pestilência estão muitas vezes relacionadas entre si, também têm relação com a guerra.

Suspeito N° 5: Guerras internas

Já discutimos diferentes formas de violência que levavam a problemas na Idade do Bronze. Dos povos do mar aos revolucionários e à Guerra de Troia, não faltaram embates sangrentos à medida que a era terminou. Como fazer uma distinção entre um nível "normal" de violência e um que constituísse uma ameaça ao sistema? No fim da Idade do Bronze, havia algo da esfera militar que estava diferente ou que se destacava? A resposta é sim: a Assíria.

A Assíria se tornaria o primeiro dos grandes impérios da era seguinte, a Idade do Ferro, nessa parte do mundo. Foi no período final da Idade do Bronze que essa futura superpotência das línguas

---

[42] Um surto terrível de Ebola é um exemplo perfeito. É um dos maiores medos dos infectologistas, mas, mesmo em seus piores pesadelos, tal acontecimento não causaria os mesmos prejuízos que uma das grandes pragas da Antiguidade ou da Idade Média, durante as quais grande porcentagem das populações era dizimada.

[43] A fome e a peste têm uma relação interligada semelhante à que existe entre a seca e a fome. Populações enfraquecidas pela fome são mais suscetíveis a doenças, e epidemias podem perturbar seriamente a produção de alimentos em sociedades agrícolas, provocando a fome.

semíticas começou a modificar o mapa do Oriente de uma maneira que poderia perturbar o equilíbrio geopolítico da região. O Estado assírio, localizado onde hoje é o norte do Iraque, e centrado em várias cidades já antigas,[44] tinha uma extensa história e participava das disputas regionais pelo poder. Por volta de 1390 a.C., a Assíria estava prestes a iniciar outra série de vitórias históricas, e muitas delas viriam à custa dos Estados vizinhos da região.

Depois de cair sob o domínio de outro Estado poderoso na região (Mitani) por volta de 1450 a.C., os assírios recuperaram sua independência após algumas gerações, e começaram a derrotar seus ex-senhores. Ao liderar uma força assustadora e eficaz, reis assírios agressivos e enérgicos como Assur-Ubalit I, Tuculti-Ninurta I e Tiglate-Pileser I expandiram as fronteiras de seu reino e ampliaram seus recursos.

O aumento de poder da Assíria acabou por alarmar as outras grandes potências. Um povo, em especial, estava na mira. O território do Império Hitita formava uma encruzilhada importante na Idade do Bronze, um elo indispensável na estrutura de interconectividade econômica, diplomática e militar que sustentava essa versão de um sistema internacional. Logo, se o Estado hitita fosse prejudicado, muitos outros poderiam sentir os efeitos.

Por volta de 1237 a.C., os hititas foram derrotados pelos assírios na Batalha de Nihriya. A perda de território significou ceder aos vencedores fontes importantes de recursos.[45] Uma espécie de círculo vicioso pode ocorrer na guerra quando o tesouro de um Estado é exaurido por conflitos prolongados, a mão de obra é dizimada por conta de derrotas e recursos indispensáveis para a recuperação dessas perdas são perdidos para o inimigo. O ano de

---

[44] Na verdade, incrivelmente antigas. No período final da Idade do Bronze, em 1200 a.C., várias cidades assírias já tinham mais de *mil* anos.

[45] Por exemplo, eles perderam uma mina de cobre importante. Isso seria o equivalente a conquistar e dominar uma região rica em petróleo hoje.

1237 marca o início da era tradicional, quando a Idade do Bronze começou a passar por dificuldades. Portanto, se estamos tentando correlacionar datas com desdobramentos de eventos, podemos ver que a extensão do poder assírio corresponde a algumas das grandes mudanças geopolíticas.

A guerra pode trazer perdas ou ganhos para as potências envolvidas no conflito.[46] Ela e suas conquistas resultantes, em geral, beneficiam o conquistador. Nesse caso, poderia ter favorecido a Assíria.

Embora seja óbvio que guerras sejam ruins para os povos derrotados, em muitas circunstâncias, elas podem ser negativas para todos os envolvidos. No último ano da Primeira Guerra Mundial, por exemplo, todas as nações que se envolveram no conflito quatro anos antes haviam sido derrubadas por ela. As economias estavam em frangalhos. Os danos fizeram com que a guerra fosse prejudicial mesmo para as nações que não se envolveram na luta.[47]

Os efeitos negativos dessa guerra do início do século XX envolveram muitos dos fatores que discutimos ao falar sobre o fim da Idade do Bronze. Em 1918, devido ao conflito, a Europa enfrentava um período de fome e doenças, além do confronto e das mortes. Os Quatro Cavaleiros do Apocalipse estavam à solta em algumas das sociedades mais avançadas no início do século XX — o que só foi possível devido à guerra. Não é difícil imaginar como uma luta que se estendeu por gerações e acabou sendo perdida pode ter desestabilizado o Estado hitita.

---

[46] Obviamente, é por isso que alguns estão dispostos a arriscar. Se nunca houvesse resultados positivos para o lado vitorioso, a guerra pareceria um tanto sem sentido, não é?

[47] Isso não inclui nem os Estados Unidos nem o Japão Imperial, ambos acabaram lucrando com a Primeira Guerra Mundial.

As guerras expansionistas da Assíria durante esse período estavam no primeiro plano da história militar e são difíceis de passar despercebidas. Mas, no fundo, havia muitos conflitos que não envolviam as grandes potências lutando contra seus pares (o que não significa que não tenham sido potencialmente importantes ou fatais, caso uma grande potência fosse derrotada). Muitos povos e tribos de "bárbaros", por exemplo, faziam incursões menores contra as fronteiras dos grandes Estados, sempre prontos para explorar fraquezas ou aproveitar oportunidades. No caso dos hititas, seus "bárbaros" problemáticos eram povos como os frígios e um menos conhecido, os gasgas. Estes são retratados pelos registros hititas como tribos selvagens agressivas que haviam saqueado e incendiado a capital no passado. Alguns historiadores acreditam que, à medida que o Estado hitita enfraquecia, sua capacidade de resistir a esses povos diminuiu. Se grandes conflitos com outras nações poderosas como a Assíria enfraqueceram os hititas, isso tornou mais difícil se defender de seus vizinhos "bárbaros". E, só para não deixar pontas soltas, caso esses vizinhos estivessem sofrendo com a fome devido a condições áridas e colheitas ruins, isso explica por que os hititas precisavam enfrentá-los?

Se atribuirmos aos assírios grande parte da responsabilidade pela queda do Estado de Mitani[48] e pelo declínio dos hititas, isso equivaleria a uma grande mudança política e militar ocorrendo por volta do século XIII a.C. E pode ter sido suficiente para provocar uma reação em cadeia que derrubou todo um sistema.

---

[48] Os hititas também lutaram contra Mitani e se beneficiaram com a sua queda. Às vezes, os hititas e assírios travavam guerras por procuração e guerras frias entre si usando competidores rivais pelo trono de Mitani. Mas este era um Estado intermediário entre os dois povos e, quando foi engolido, os predadores que o devoraram passaram a fazer fronteira um com o outro.

Suspeitos N° 6 e N° 7: Colapso de sistemas/Causas múltiplas

Vivemos em um mundo de sistemas complexos — econômicos, culturais, sociais, administrativos-burocráticos. Muitos elementos devem trabalhar juntos para um sistema interconectado funcionar, e o colapso de qualquer um dos aspectos pode significar um colapso geral. Por isso, a maioria dos sistemas tem certa flexibilidade e redundância para lidar com tensões, falhas e imprevistos — em resumo, são projetados para serem resilientes. Mas quando eles ficam sobrecarregados, uma falha pode repercutir em todo o sistema como se fosse uma doença transmissível econômica. Assim, a perturbação de uma rede comercial que se estendia da Espanha ao Irã e do norte da Itália até a Núbia da Idade do Bronze poderia afetar todas essas regiões.

E, embora a perda de itens como produtos de luxo e do dinheiro gerado pelo comércio tivesse um efeito enorme, é importante lembrar que a comida constituía uma das principais categorias de mercadorias negociadas no fim da Idade do Bronze. Os egípcios mandavam comida para vários lugares (inclusive para as terras hititas) via navio. Se eles não conseguissem chegar ao destino, não era só uma questão de dinheiro perdido ou uma redução do padrão de vida, era um caso de fome.

Quando as pessoas não têm comida suficiente, a lei e o controle social podem cair por terra. As epidemias causam os mesmos problemas, dependendo da gravidade. Caos, revolução e guerra civil afetam uma sociedade de uma maneira que invasores externos jamais conseguiriam. Basta uma escassez de comida ou um excesso de doenças.

Outros cenários podem levar ao mesmo resultado. A migração em massa em um período curto (por exemplo, as invasões do Egito pelos povos do mar e libaneses) tem chance de perturbar as normas e a cultura, pondo um fim à coexistência amigável. Uma defesa militar insuficiente expõe a população e seus suprimentos de comida a outros grupos armados.

Alguns especialistas já sugeriram que o sistema da Idade do Bronze era um tanto frágil. Com Estados altamente centralizados e burocráticos, além de uma pequena elite rica dominando um grande número de peões,[49] esse sistema estava vulnerável a rebeliões e agitação social. Pense em uma Revolução Francesa da Antiguidade, por exemplo. Se tal desestabilização tivesse sido desencadeada pela incapacidade de um sistema de prover comida a uma população faminta, quem seria o verdadeiro culpado: a fome ou o sistema social frágil e desigual? Se a pirataria dos povos do mar ajudou a destruir o sistema de comércio marítimo, os efeitos negativos vêm da pirataria ou do colapso do sistema de comércio? É neste ponto que o suspeito "causas múltiplas" começa a parecer provável.

EMBORA NOS SINTAMOS um pouco mais a salvo dos suspeitos do colapso da Idade do Bronze do que nossos ancestrais, nós conseguimos adicionar novas ameaças potenciais: armas nucleares, danos ambientais globais, inovações científicas com potencial catastrófico e muito mais.[50] A ameaça de reviravoltas que podem nos levar a uma Idade das Trevas parece um risco bastante consistente ao longo dos anos. Pode ser apenas uma questão de sorte ou azar se você viver em uma época em que um asteroide gigantesco atinge a Terra ou um supervulcão entra em erupção em Yosemite.

---

[49] Peões são todos menos a elite do palácio.

[50] Por exemplo, se algo der muito errado com a inteligência artificial ou a tecnologia de armas. Será que estamos adicionando novos cavaleiros aos Quatro Cavaleiros do Apocalipse? Peste, Guerra, Fome, Morte e Mudança Climática? Ou Tecnologia Revoltada?

Quando a União Soviética sofreu um colapso de seu sistema político[51] no início dos anos 1990, seria possível dizer que alguns dos Estados que se fragmentaram dela entraram em uma pequena Idade das Trevas? Essa época instável passou por um período de transição prolongado e difícil. Nos estados-nação recém-criados como a Rússia, as taxas de natalidade e a expectativa de vida caíram drasticamente. O alcoolismo e as taxas de suicídio aumentaram; a rede de segurança social foi destruída; o Exército e a infraestrutura da nação pareciam se atrofiar; seu sistema político tornou-se instável, corrupto e caótico; seus recursos nacionais estavam à disposição de quem pudesse pagar mais. Se a história da era pós-URSS estivesse sendo escrita por historiadores de um século atrás, será que teriam chamado esse momento de "O declínio e a queda da União Soviética"? Teriam identificado o período posterior como uma "Idade das Trevas"?

Talvez a duração de uma crise social, econômica ou civilizacional seja um fator-chave para identificarmos determinado período como uma Idade das Trevas. Tanto a Grande Depressão nos Estados Unidos nos anos 1930 quanto o colapso pós-soviético dos anos 1990 duraram cerca de uma década. Não parece um período longo o suficiente para atender aos requisitos de uma Idade das Trevas. No entanto, se as consequências diretas tivessem durado um ou dois séculos, poderia ter sido suficiente para transformar um pequeno tropeço civilizacional em uma tendência negativa ampliada.

Uma das teorias modernas sobre colapso social defende que, por conta da globalização do século XXI, "Idades das Trevas" individuais ou locais como as que ocorreram antes na história, hoje, são absorvidas pelo resto do mundo e da civilização como

---

[51] Que então se espalhou para muitas outras áreas do sistema interligado que mantinha a sociedade soviética funcionando.

um todo.⁵² Outros sugerem que a profundidade e a gravidade de qualquer "Idade das Trevas" em potencial são reduzidas devido à interconectividade moderna. Então você pode ter outra Grande Depressão ou o colapso de uma superpotência sem que disso decorra um século de declínio global e retrocesso tecnológico. Há uma espécie de diversificação planetária dos riscos em nossa civilização moderna, uma redundância que permite ao sistema sobreviver a apagões locais.

Mas talvez estejamos sendo tendenciosos. Talvez tais mudanças não sejam declínios ou retrocessos. Tudo depende dos critérios que decidimos usar. Dependendo do ponto de vista, as coisas não são nem melhores nem piores... apenas diferentes.

Já abordamos aqui a ideia de progresso como uma visão necessariamente tendenciosa. Se os níveis de alfabetização caem em uma era posterior porque a leitura é menos importante, isso é indicativo de uma "Idade das Trevas"? Ou estaria mais para um caso de pessoas ajustando suas habilidades com base em sua necessidade? E quem decide isso — nós, modernos, olhando para o passado, ou a as pessoas que de fato viveram na era anterior? Nossas ideias do que era bom para os habitantes de uma época anterior podem ser diferentes das deles.

Isso levanta a questão de até que ponto as pessoas vivendo em uma Idade das Trevas chegavam a se dar conta disso. Será que alguém nascido na Grécia em 1000 a.C.⁵³ sabia (ou se importava) que havia existido uma época mais grandiosa antes da

---

⁵² Por exemplo, se os Estados Unidos se fragmentassem em muitos estados- -nação, sem dúvida isso poderia ser considerado um "declínio" pelos padrões locais, mas o conhecimento e a capacidade globais não seriam tão afetados. Quando a Idade do Bronze chegou ao fim, não restou outra sociedade no mundo para catar os cacos.

⁵³ O ano de 1177 a.C. é considerado por alguns o período de *crash* da bolsa civilizacional da Idade do Bronze.

sua? Pense em um garoto nascido nos Estados Unidos em 1929, no início da Grande Depressão. Em seu décimo aniversário, o mundo ainda estaria sofrendo os efeitos da crise. Para esse menino, a privação e as expectativas mais baixas pareceriam normais; ele não tivera experiência de vida ou memória de uma época anterior. Seus pais, no entanto, provavelmente sentiriam que os tempos haviam se tornado mais difíceis. Embora pareça ruim viver em uma sociedade quando ela não está passando por um de seus auges tecnológicos, culturais ou econômicos, é muito possível que a felicidade de indivíduos fosse ajustada e nivelada rapidamente. É difícil saber o que você está perdendo depois de algumas gerações sem essa coisa.

Talvez estejamos encarando a questão de maneira errada. Se vivêssemos em uma época em que nossos livros de história nos ensinassem que a geração de Ben Franklin, da Guerra de Independência dos Estados Unidos do século XVIII, havia sido capaz de pousar uma espaçonave em Marte e de curar o câncer (o que obviamente não podemos fazer ou não fizemos ainda) será que nos importaríamos? É claro que gostaríamos das coisas do passado que nos parecessem melhorias, mas será que íamos querer o resto junto? Se, por exemplo, uma nativa norte-americana de cinco séculos atrás estivesse com dor de dente, ela poderia desejar nossa odontologia moderna para resolver o problema. Mas se para ter acesso à medicina moderna ela tivesse que se tornar moderna em todos os outros sentidos, talvez não achasse que valeria a pena.

Existem várias formas de ver qualquer relato ou história, mas é importante sermos lembrados disso de vez em quando. Certas narrativas, como "eras de ouro" e "ascensão e queda", estão tão arraigadas em nosso pensamento que é fácil esquecer que pode haver outras maneiras de ver as coisas. Joseph Tainter, antropólogo, disse que em algumas regiões o Império Romano cobrava impostos tão altos de seus cidadãos, dando tão pouco em troca, que algumas dessas pessoas receberam os "bárbaros conquistadores" como libertadores.

Uma teoria semelhante existe sobre a Idade do Bronze: talvez a estrutura burocrática e de altos impostos das culturas palacianas dos Estados do Mediterrâneo não agradasse mais a maioria das pessoas e, de uma forma ou de outra, elas as abandonaram ou pararam de apoiá-las. Nesse caso, se o governo se tornou complexo demais para funcionar bem, ou centralizado demais para estar em contato com os problemas de todos, o retorno a uma maior simplicidade e ao controle local significa uma mudança negativa ou positiva?[54]

Como com tantas outras coisas, depende de a quem você pergunta. Sem dúvida, alguns dos que viveram em determinada época pensariam que estávamos romantizando quão maravilhosos eram os "bons e velhos tempos" de suas vidas. Os sucessores de Roma passariam centenas de anos tentando reconstituir seu império, e um certo poeta cego chamado Homero ganharia a vida recordando os bons e velhos tempos heroicos da Idade do Bronze, depois que ela terminou.

---

[54] Pode ser uma questão tão simples quanto: "O império está nos deixando morrer de fome enquanto o senhor de guerra local nos alimenta."

Capítulo 4

JULGAMENTO EM NÍNIVE

Vinte e um anos após o lançamento de *Planeta dos macacos*, em uma escavação na cidade de Mossul, ao norte do Iraque, arqueólogos da Universidade da Califórnia começaram a escavar o que, aos olhos de um leigo, parecia ser uma colina natural. Porém, como tantos outros montes na área, na verdade tratava-se de uma estrutura de pedra e tijolo feita pelo homem e transformada pela passagem de milhares de anos. Sob 25 séculos de terra, as provas de um desastre foram reveladas: uma camada de destruição e materiais queimados logo abaixo do solo. Fragmentos de armas foram descobertos e uma espécie de corredor emergiu, com pedra trabalhada e um chão de seixos.

Então os arqueólogos encontraram os mortos.

Havia pelo menos doze esqueletos, adultos e crianças, e um cavalo. Os corpos pareciam ter sido deixados onde as pessoas morreram. Não havia sinal de saques, o que teria sido difícil de qualquer forma, porque no momento ou próximo à morte delas, o corredor desabou e as enterrou. Os investigadores determinaram que o teto estava queimando quando ruiu e alguns dos mortos morreram queimados naquele dia terrível, 2.500 anos atrás.

Se a cena tivesse sido encontrada mais perto do momento em que tudo acontecera, as descobertas teriam sido terríveis, mas o tempo tem uma maneira de higienizar até um assassinato em massa. Não há mais carne, sangue ou vísceras, e as expressões faciais foram apagadas.

O Portão Halzi, como o local foi identificado mais tarde, era uma das quinze aberturas nas muralhas do maior centro urbano do mundo antigo — Nínive, o coração do Império Assírio, ao norte da Mesopotâmia.

No seu auge, por volta de 650 a.C., a cidade e as aldeias vizinhas podem ter abrigado até 150 mil habitantes, cobrindo uma área de cerca de 2 mil acres, ou cerca de oito quilômetros quadrados. A cidade era uma maravilha de sua época, imensa e grandiosa, o centro do Império Assírio e a residência principal de seu governante, uma figura cujos muitos títulos autoproclamados incluíam "rei do universo". Suas defesas eram gigantescas, com muralhas de dezoito metros de altura e quinze de espessura, estendendo-se por cinco quilômetros de cada lado, com fossos profundos abaixo. O Portão de Halzi tinha uma fachada de 67 metros de altura e era ladeado por seis torres.

No entanto, assim como os cadáveres de Pompeia cobertos de cinzas vulcânicas estão congelados no momento de sua morte, os mortos no Portão de Halzi estão preservados no instante de sua agonia final. Os corpos mostram os sinais inconfundíveis de combate corpo a corpo, incluindo feridas defensivas e, em alguns casos, evidências claras de que um golpe final foi administrado. Eles morreram junto com a cidade.

O que a Assíria fez para merecer tal destino?

Na história humana, dois tipos de culturas tiveram um grande impacto geopolítico em seu cenário histórico. O primeiro são as sociedades com registros de sua linhagem até versões muito anteriores de si mesmas, como as civilizações chinesa e egípcia.

Ambas passaram por altos e baixos, mas sempre tiveram uma força política significativa, com milhares de anos de história, e ainda estão aqui. São jogadores geopolíticos perenes.

O segundo são as sociedades que parecem ter tido uma era de ouro cheia de glória, para depois cair na obscuridade. Seus quinze minutos de fama histórica, por assim dizer. O povo mongol é um exemplo. Hoje, os mongóis estão na periferia dos eventos mundiais, uma cultura aparentemente pobre e atrasada, pelo menos em comparação com o que chamamos de "mundo desenvolvido". Mas essa sociedade já governou a maior parte do mundo conhecido, e o fez por várias centenas de anos. Pode ter parecido um longo período na época, mas foi um piscar de olhos se comparado aos antigos assírios.

O grande estado da Babilônia, ao sul da Assíria, foi o maior adversário deste império ao longo da Idade do Bronze e da Idade do Ferro. A capital do Império Babilônico, Babilônia, que ficava a pouco menos de noventa quilômetros ao sul da Bagdá atual, foi uma das maiores cidades já construídas. É provável que tenha sido a primeira metrópole habitada por mais de duzentas mil pessoas e, no auge, talvez tivesse o dobro disso. É incrível como, sem o saneamento básico e a medicina moderna, e com tantas pessoas vivendo tão próximas, a Babilônia tenha conseguido evitar a maioria das pragas. (Ela sobreviveria ao seu grande rival, os assírios, e acabaria por parecer um refúgio urbano de uma era anterior no novo mundo.)

Cerca de duzentos anos após a queda da Assíria, um general grego chamado Xenofonte registraria o que restara da sua grandeza, quando viu cidades — maiores e mais impressionantes do que qualquer coisa que ele conhecia na Grécia — se dissolvendo em ruínas. Xenofonte escreveu *Anábase* — considerado um clássico da literatura ocidental —, um relato de sua experiência como comandante de mercenários gregos em uma guerra civil persa.

Enquanto ele e dez mil gregos lutavam para escapar dos perseguidores em seu encalço depois de estarem do lado perdedor do conflito, deram de cara com enormes fortificações e escombros de cidades ao norte do Iraque — as ruínas de algo maior do que qualquer coisa que a sua própria civilização já havia produzido. Há quase 2.500 anos, Xenofonte escreveu: "Os gregos marcharam em segurança pelo resto do dia e chegaram ao rio Tigre. Lá havia uma enorme cidade, completamente deserta, chamada Larissa, que já foi habitada pelos medos. Tinha muros de sete metros e meio de espessura, mais de trinta metros de altura, com um perímetro de quase dez quilômetros. Era feita de tijolos de barro, com uma base de pedra de seis metros para baixo."

Mais tarde, chegaram a outra cidade.

> *Dali, uma marcha de quase trinta quilômetros os levou a uma grande fortificação abandonada, perto de uma cidade chamada Mespila... Sua base era feita de pedra polida, na qual havia muitas conchas. Tinha quinze metros de espessura e de altura. Em cima dela, foi construída uma muralha de tijolos de quinze metros de largura e trinta de altura. O perímetro da fortificação era de quase trinta quilômetros.*

Essas cidades eram gigantescas para os padrões gregos, e Xenofonte soube pelos habitantes locais que as estruturas foram construídas pelos medos, povo que dominava a região antes do Império Persa. Mas, na verdade, elas não eram dos medos, eram assírias. Havia suspeitas de que a tal cidade "perto de uma chamada Mespila" era Nínive — Xenofonte ficou maravilhado com suas ruínas majestosas duzentos anos após sua queda.

Para nós, Xenofonte era um habitante do mundo passado. Afinal, a Grécia é uma civilização europeia muito antiga. Mas ele estava diante de algo que já era antigo em *seu* tempo — o equivalente à cena da Estátua da Liberdade despontando da areia, só que com um império do Oriente que havia sido a superpotência de sua era apenas dois séculos antes, mas que parecia tão apagada que os habitantes locais nem sabiam a quem as ruínas pertenciam.[1]

Antes de sua queda, a cultura mesopotâmica da qual a Assíria fazia parte era uma Civilização 1.0. Babilônia e Assíria representaram o ápice da versão, com um crescimento de seu poder, sofisticação e desenvolvimento que havia começado em lugares como Ur, Acádia e Suméria. Essa árvore civilizacional quase ininterrupta durou muito mais tempo do que qualquer uma das versões anteriores. A título de comparação, se datarmos nossa civilização moderna como tendo início no Renascimento, ela teria quinhentos ou seiscentos anos. A Assíria e seu mundo tinham três a cinco vezes mais tempo que isso, dependendo do método de datação, mas seus próprios registros mostram uma linhagem ininterrupta de reis desde os anos 2300 a.C.,[2] e Nínive, sua maior cidade, caiu em torno de 600 a.C. Por quase dois milênios, esse povo foi uma entidade regional reconhecível. A obra mais antiga da literatura europeia é muitas vezes creditada a Homero e datada entre 800 e 1000 a.C. — enquanto isso, a obra *A Epopeia de Gilgamesh*, da Mesopotâmia, foi escrita por volta de 2100 a.C. e era contada oralmente antes disso. A Civilização 1.0 tinha raízes profundas.

---

[1] É bem possível que algumas dessas pessoas fossem de origem assíria. Também é possível que os assírios remanescentes tenham mantido vivas as tradições orais de seu grande passado, mesmo enquanto os habitantes que não eram assírios se esqueciam delas. Talvez Xenofonte tivesse conversado com os nativos errados.

[2] Isso pode até não refletir a realidade histórica, mas mostra o que essas pessoas pensavam ser realidade. Esses registros remontam ao período mítico do "grande dilúvio" registrado na Bíblia hebraica.

É difícil entender o quão urbana essa cultura era e o quanto, de certa forma, ela se parecia com a nossa sociedade moderna. Um mapa do Mediterrâneo e do oeste da Ásia na Idade do Bronze e do Ferro era bem parecido com um do início do século XX, da Europa antes da Primeira Guerra Mundial. Havia vários Estados poderosos interligados por meio da diplomacia e de alianças. Quando entravam em guerra, muitas vezes formavam coalizões, como a Tríplice Entente e os Impérios Centrais na Primeira Guerra Mundial, e os Aliados e o Eixo na Segunda.

Para continuar a analogia, os assírios seriam os alemães, porque estes sempre tiveram a fama de serem militarmente fortes, não apenas no século XX, mas ao longo de toda a história. Uma justificativa para isso é que a área da Alemanha moderna é cercada por outros povos poderosos e não possui muitas fronteiras naturais, dificultando sua defesa. Sob uma ótica do darwinismo social, você poderia dizer que as únicas pessoas que poderiam sobreviver em um território assim seriam as extraordinárias e guerreiras. O mesmo é dito sobre os assírios, porque seu Estado também era cercado por poderosos e tinha poucas fronteiras naturais; portanto, eles tinham que ser guerreiros muito fortes, centralizados, eficientes e habilidosos para sobreviverem.

Porém, como acontece ao longo dos tempos com os cidadãos dos Estados mais poderosos, é muito improvável que os da antiga Nínive pensassem que sua cultura seria varrida do mapa.

A queda de Nínive talvez seja um dos eventos geopolíticos mais significativos da história mundial. Sem dúvida é o mais importante da Idade do Ferro do Oriente Próximo. É semelhante à queda de Berlim na Segunda Guerra Mundial, no sentido de terminar decisivamente um império, mas a destruição da Alemanha nazista derrubou um regime de doze anos, enquanto a queda da Assíria significou o fim de uma potência antiga. E os assírios eram vistos, especialmente por seus vizinhos, como o equivalente dos nazistas na era bíblica.³ Eram um povo que parecia se orgulhar de seus feitos terríveis. Criaram grandes esculturas em pedra de seus exércitos em guerra e dos castigos que seus reis davam aos que se rebelavam contra seu domínio. Em alguns casos, esses registros em relevo são basicamente propagandas divulgando o que nos dias de hoje seriam crimes contra a humanidade.

Como se as ilustrações grotescas não fossem suficientes, os reis também produziram relatos em escrita cuneiforme de suas atrocidades. Quando se lê o que escreveram sobre suas realizações, a impressão é que os assírios não tivessem apenas um governante como Hitler, mas que *todos* eram assim. Os relevos artísticos das cortes da Assíria são puro genocídio.

Tomemos, por exemplo, Assurnasirpal II (r. 883-859 a.C.), um dos reis assírios mais brutais. Aqui está seu relato sobre como lidou com uma rebelião: "Ergui um pilar acima do portão da cidade e então esfolei todos os líderes da revolta. Então cobri o pilar com a pele deles. Alguns murei no pilar, outros empalei logo acima. Também amarrei alguns a estacas em volta do pilar. E cortei os membros dos administradores reais que se rebelaram."

Assurnasirpal II descreveu ter queimado prisioneiros; cortado seus narizes, orelhas e dedos; arrancado seus olhos. As dezenas de milhares que não foram queimados, murados, decapitados ou mutilados foram arrebanhados como gado até o deserto hostil e abandonados, para que morressem de sede.

Ele está longe de ser uma exceção; centenas de anos mais tarde, outro rei assírio, Assurbanípal (r. 669-627 a.C.), não contente em derrotar os elamitas em batalha, descreveu o que fez com seus ancestrais há muito mortos para que não tivessem paz na vida após a morte: "Os túmulos de seus reis anteriores e posteriores, que não temiam Assur e Ishtar, meus senhores, e que atormentaram

---

[3] A Bíblia hebraica, às vezes, faz eles parecerem a encarnação do mal.

meus pais, eu destruí, devastei, expus ao sol. Carreguei seus ossos para a Assíria. Privei suas sombras de repouso. Neguei-lhes comida e água."[4]

Muitos historiadores apontam que esse comportamento era bastante comum na época e que havia um propósito prático nessas bravatas de brutalidade. Os assírios são considerados por muitos o primeiro grande império da história da humanidade, e todos que se seguiram adotaram várias, se não todas, as estratégias e técnicas que os assírios usavam para governar e administrar seu próprio domínio. Uma das preferidas para manter na linha seus povos era uma espécie de terrorismo de Estado. A fórmula é bem compreendida hoje, já que foi usada muitas vezes na história. Cidades, regiões e povos rebeldes serão aniquilados, e a vingança será devastadora. O objetivo é impedir os conquistados de se rebelarem, mas, como tantas vezes acontece, a repressão gera insatisfação, e os assírios estavam sempre oprimindo e depois severamente punindo as revoltas. Eles queriam garantir que aqueles que pensassem em se rebelar entendessem os riscos. Algumas das cenas terríveis encontradas durante as escavações arqueológicas tinham como objetivo intimidar as pessoas que poderiam vê-las enquanto esperavam para falar com o rei. Imagine que você é o governador de uma cidade problemática e foi chamado para ver o rei. Ao chegar lá, você se depara com uma cena esculpida em pedra (e talvez até em cores) mostrando o que aconteceu com uma cidade e os cidadãos que ousaram desafiar a Assíria. Uma dessas cenas encontradas nas ruínas de um palácio assírio mostra um governador rebelde chamado Dananu antes de sua horrível

---

[4] "Sombras" é uma referência a espíritos ou fantasmas. Os assírios estavam punindo os ancestrais de seus inimigos e, ao fazer isso, tornavam o golpe muito pior. Eles também capturavam as estátuas representando as divindades dessas sociedades — algo comum no mundo antigo — e as levavam para o cativeiro também. Isso traz um significado totalmente novo ao termo "Guerra Total".

tortura e execução — enquanto Dananu caminha até o lugar onde será assassinado, os relevos retratam-no com a cabeça decepada de um dos demais conspiradores pendurada em seu pescoço enquanto os assírios em volta batem e cospem nele.[5] Ter uma cabeça humana decepada pendurada no pescoço parece bastante macabro, mas quando se conhece a pessoa morta, isso torna tudo particularmente horrível e torturante. A Antiguidade, como atesta o Antigo Testamento bíblico, primava por um simbolismo sangrento.

Embora muitos historiadores afirmem que esses atos eram menos uma crueldade deliberada e mais uma maneira de controlar um império, não há como não se perguntar se os assírios sentiam prazer em fazer isso. Quando Assurbanípal terminou de aniquilar os elamitas, seu exército trouxe de volta a cabeça decepada do rei, que Assurbanípal então pendurou em uma das árvores de seu jardim para que ele pudesse olhá-la enquanto jantava com suas esposas. Essa cena macabra também foi esculpida em pedra e pode ser vista até hoje no Museu Britânico. O que o rei estava tentando dizer? Era agradável olhar a cabeça de seu inimigo enquanto ceiava? Ou isso é apenas simbólico e o rei não jantou na companhia de uma cabeça humana decepada? De um jeito ou de outro, era o que ele queria que todos pensassem. Quando Assurnasirpal II esfolou seus prisioneiros ainda vivos, parece que posicionou seu trono de maneira a poder assistir à cena. Será que isso fazia parte de suas responsabilidades reais ou era apenas um espetáculo bom demais para se perder? Mais uma vez, muitos historiadores dirão que foi dessa maneira que os assírios mantiveram a unidade de seu império, criando as condições que levaram a civilização adiante. As rotas comerciais, a estabilidade, a proteção contra os ataques bárbaros — todos esses elementos costumam ser citados

---

[5] Mais tarde, a cabeça de Dananu foi colocada em um poste do lado de fora dos portões de Nínive para servir de aviso.

como argumentos de que os impérios têm pontos positivos.⁶ Os assírios não foram o primeiro nem o último império a se manter por meio do medo e da opressão de seus rivais.

Mesmo havendo vantagens nessa maneira violenta, até maligna, de governar, a reação a ela nos faz pensar na frase "você colhe aquilo que planta". Quando os vizinhos da Assíria finalmente tiveram oportunidade, destruíram o grande rei da Mesopotâmia de maneira tão rápida e absoluta que, como vimos, as sociedades subsequentes — aquelas que se seguiram apenas algumas gerações depois — pareciam desconhecer sua antiga grandeza.

Então o que aconteceu?

O declínio da Assíria não foi lento e gradual, como no caso do Império Romano. O último grande rei assírio, Assurbanípal, que já mencionamos, herdou o império no auge de sua expansão territorial e governou por mais de quarenta anos.⁷ Mas suas últimas declarações contam uma história infeliz. O império não sobreviveu por muito tempo depois da sua morte. Um fator no declínio pode ser atribuído, paradoxalmente, à conquista dos povos vizinhos. Durante séculos, os exércitos do Império Assírio inicial foram compostos em sua maioria pelos nativos relativamente leais do coração do território. No final, seus exércitos tinham cada vez menos assírios e mais mercenários e vassalos que haviam sido recrutados de regiões conquistadas. Seu exército era ainda incrível do ponto de vista organizacional e institucional, mas seus homens e sua lealdade eram muito mais frágeis e menos confiáveis do que antes.

---

⁶ Os contras de um império são as conquistas, as mortes e as repressões militares *vs.* os prós como a estabilidade, a organização e a consolidação trazida pelo Estado imperial por meio das conquistas e da incorporação de territórios. A ideia de que isso significa "progresso" ou "um avanço" pode, é claro, ser culturalmente tendenciosa.

⁷ Na época do reinado de Assurbanípal, a Assíria havia recém-adicionado o Egito, que foi uma conquista monumental.

Além disso, os assírios, como todos os povos da Mesopotâmia antiga, enfrentaram um problema de sucessão. Quando um governante morria, muitas vezes havia uma grande disputa interna sobre qual filho ascenderia ao trono — quando não havia um golpe. As guerras civis foram comuns ao longo da história da Assíria, e um número significativo de seus reis foram mortos pela própria prole. As lutas dinásticas causaram mais danos ao Estado assírio do que qualquer um de seus inimigos, abrindo a porta para o que aconteceu em Nínive.[8]

Eventos semelhantes no passado da Assíria nem sempre tiveram repercussões negativas. O pontapé inicial para o período mais glorioso da história do Estado[9] foi um golpe ruim que talvez pudesse ser comparado até à tomada pelos bolcheviques da Rússia em 1917. Em 745 a.C., a família real assíria inteira foi assassinada e um general, que depois adotou o nome Tiglate-Pileser III, assumiu o controle. Foi ele quem reorganizou o exército, tornando-o a força de combate mais sofisticada que o mundo antigo já havia visto. A Assíria foi a primeira das principais sociedades sedentárias a empregar a cavalaria no sentido moderno, provavelmente, a primeira a ter um estado-maior no estilo moderno,[10] a primeira a pôr um grande número de tropas em campo com regularidade — até 50 mil homens e, em todo o império, até 300 mil. Imagine a logística necessária para colocar tantas pessoas no campo de batalha — alimentação, suprimentos,

---

[8] Dizem que os exércitos mais perigosos que o Império Romano enfrentou foram os seus próprios durante as guerras civis. O mesmo pode ser dito sobre a Assíria.

[9] A era é chamada de Império Neo-Assírio e costuma ser datada de 911 a 609 a.C.

[10] Depende de como classificamos isso. Outros exércitos tinham conselhos de guerra, e os faraós do Egito possuíam o que poderia ser considerado o equivalente a equipes gerais de conselheiros militares antes desse período.

manter todas em marcha por centenas de quilômetros, enfrentando todo tipo de terreno e condições climáticas, na era do Antigo Testamento bíblico.[11]

Os assírios eram mais bem treinados do que qualquer exército até a época de Alexandre, o Grande, e talvez mais do que algumas das tropas do próprio conquistador. Ao analisarmos os grandes exércitos da história do Oriente Médio, podemos ver que a única característica que não possuíam era uma infantaria disciplinada e coordenada, com homens cuja função era avançar ombro a ombro e lutar com as tropas de choque do inimigo em um combate corpo a corpo, como os legionários romanos ou os hoplitas gregos. A Ásia Ocidental foi o berço de algumas das melhores cavalarias do mundo, mas sua infantaria costumava, historicamente, ser muito menos formidável do que a da Europa. Os assírios não seguiram essa tendência. Usavam infantaria bem treinada como a força principal de seus exércitos. Suas unidades combinavam arqueiros e lanceiros, o que proporcionava grande flexibilidade tática.[12]

Como convém a um império que amadureceu no que costumava ser conhecida como a "era bíblica", os assírios tinham excelentes carros de guerra. Antes do surgimento de uma verdadeira cavalaria,[13] os exércitos se aproveitavam da mobilidade dos animais, prendendo-os a carroças e coches. Os guerreiros, como a maioria das outras potências, empregavam carros de guerra rápidos e leves que levavam arqueiros. Depois de cerca de 900 a.C.,

---

[11] Isso não é fácil nem para os estados modernos hoje. Quantos estados-nação atuais poderiam enviar 50 mil soldados para terras distantes e manter o abastecimento durante a batalha?

[12] As unidades mistas permitiam que os arqueiros enfraquecessem os inimigos que se aproximavam antes que os lanceiros tivessem que enfrentá-los. Também eram valiosíssimos contra escaramuçadores inimigos que lutavam atacando e recuando, muitas vezes, frustrando e desgastando as tropas de choque pesadas.

[13] Ou seja, seres humanos montados em cavalos.

quando os cavaleiros começaram a tomar o lugar dos aurigas em tarefas relacionadas à mobilidade, como a função de batedor e de perseguir os inimigos derrotados, os carros de guerra começaram a ficar maiores e mais pesados, e seu papel evoluiu. Os da era de Assurbanípal (686-628 a.C.)[14] eram veículos enormes puxados por quatro cavalos, com três ou quatro combatentes em cada. Eram como tanques ou veículos blindados da era bíblica. Seus inimigos no campo de batalha devem ter ficado surpresos e aterrorizados. Centenas dessas máquinas avançavam lado a lado por uma planície a 15 ou 25 quilômetros por hora, com os homens disparando flechas à medida que se aproximavam, para então atropelar a massa da soldados que os enfrentavam — deve ter sido uma visão psicologicamente difícil de suportar. Grande parte da guerra tem a ver com o nervosismo, o moral e evitar o pânico,[15] e é interessante especular sobre quantas unidades diante de um ataque iminente se mantiveram firmes, aguardando a colisão.[16] As rodas tinham 1,80 metro de altura e eram cobertas de pinos de metal, que eram necessários (como um relato assírio deixa claro) porque, caso contrário, os carros derrapariam no sangue e nos restos mortais.

---

[14] São os anos reconhecidos como suas datas de nascimento e morte.

[15] Acreditava-se que o deus grego do medo, Fobos, corria à solta nos campos de batalha.

[16] Há muitas questões de longa data sobre a realidade das batalhas na Antiguidade. Seria de se esperar que já soubéssemos essas coisas, mas não. Será que tropas ou corpos de homens muito juntos de fato se chocavam uns contra os outros? E cavalos também? Ou paravam por instinto no último segundo? Os homens de lados opostos do conflito se misturavam após esse primeiro choque? Ou será que os dois lados tinham uma "terra de ninguém" onde as tropas se atacavam de longe e se enfrentavam de vez em quando? As fontes antigas que poderiam nos ajudar com tais perguntas omitem muitos detalhes cruciais. Em geral, presumiam que o leitor compreenderia o que era de entendimento coletivo e comentavam apenas acontecimentos incomuns.

O cavaleiro assírio — talvez a primeira cavalaria treinada e organizada pelos padrões modernos[17] — era a unidade mais temível de seu exército. Várias passagens na Bíblia hebraica antiga descrevem-no como um "raio" e um "turbilhão". Deve ter sido desenvolvido para enfrentar os arqueiros bárbaros cimérios e citas que vieram do que é hoje o sul da Rússia, depois de 1000 a.C. (provavelmente a pior ameaça militar para o mundo civilizado daquela época e lugar, e também inspiração para os tais Gogue e Magogue da Bíblia). Muitos estudiosos dizem que os assírios merecem crédito por salvar as civilizações do Crescente Fértil desses ataques tribais, porque eram a única potência militar com força, flexibilidade e mão de obra suficientes para atenuar essas invasões. Se não o tivessem feito, a história humana poderia ter sido muito diferente. Os assírios eram brutais, mas seus esforços podem ter salvado a civilização da Idade do Ferro no oeste da Ásia de sofrer com estupro, pilhagem e brutalidade em um nível visto mais tarde nas hordas mongóis e húngaras.[18]

É claro que os inimigos dos assírios que eram massacrados não se sentiam tão agradecidos quanto os historiadores posteriores. É fácil atribuir motivos altruístas ou heroicos a quem "preserva a civilização", mas, na verdade, os assírios podiam apenas estar tentando impedir que suas conquistas e saques fossem roubados por outros. O magnífico exército que eles criaram não era apenas uma ferramenta para a proteção de seu império, servia também para promover seus interesses. Estes incluíam a pirataria em larga escala. Invasões anuais e ataques em larga escala eram comuns.

---

[17] A cavalaria surgiu entre os nômades das estepes da Eurásia antes que sociedades estabelecidas a adotassem. Primeiro vieram os carros de guerra, depois os homens a cavalo. Os assírios começaram a usar cavaleiros entre 1000 e 900 a.C.; os chineses só entre 400 e 300 a.C.

[18] Os cimérios e citas foram alguns dos primeiros povos nômades das estepes, ancestrais dos mongóis, turcos e hunos.

Tais incursões foram vitais para manter a prosperidade da economia da Assíria.

Os espólios de um ataque contra um oponente insignificante dão uma boa ideia do que constituía riqueza e bens móveis naquele local e tempo:

40 carros com homens e cavalos
460 cavalos acostumados ao jugo
55 quilos de prata
55 quilos de ouro
2.720 quilos de chumbo
2720 quilos de cobre
8.165 quilos de ferro
1.000 vasos de cobre
2.000 panelas de cobre
Tigelas e caldeirões variados de cobre
1.000 peças de lã coloridas
Placas de madeira sortidas
Sofás feitos de marfim e revestidos de ouro do palácio do governante
2.000 cabeças de gado
5.000 ovelhas
15.000 escravos
Filhas de nobres com dotes
A irmã do governante
Um tributo anual de 1.000 ovelhas, 2.000 alqueires de grãos, 1 quilo de ouro e 12 quilos de prata

Embora os inimigos menores pudessem ser tosquiados como ovelhas para obter alguns ganhos, os Estados maiores do Oriente Próximo enfrentavam uma destruição muito mais permanente. Elam, localizado onde hoje é o Irã, era um inimigo implacável de longa data que a Assíria "massacrou constantemente" ao longo dos anos. Essas conquistas, é claro, foram menos permanentes do que pensavam os governantes assírios. Babilônia, muito mais perto de casa, era outro problema que eles nunca conseguiram resolver por completo. Os assírios sempre trataram o vizinho melhor do que a maioria de seus outros adversários, porque a cidade era o centro cultural do mundo muito, muito antigo — a Paris de sua época. Muitos historiadores compararam o relacionamento da Babilônia e da Assíria com o de Grécia e Roma. Os romanos eram superiores no quesito militar, mas tinham uma verdadeira admiração pela cultura grega, e adotaram aspectos de sua escultura, filosofia, literatura e arquitetura. Os assírios eram parecidos em sua estima pela cultura babilônica — que, para a época e o local, era muito avançada. Esse respeito e admiração salvaram o território do destino que tantas outras cidades e Estados tiveram.

Mas todo império tem seus limites. Depois de mais uma rebelião dos revoltosos babilônios, tão difíceis de pacificar (depois que os assírios tentaram a abordagem "branda" com eles, por assim dizer), o rei Senaqueribe ficou farto e empregou, em 689 a.C., o que poderíamos chamar de "solução definitiva" do problema babilônico. Os relevos de pedra narram o que aconteceu na voz do governante assírio: "Como um furacão, eu os ataquei e, como uma tempestade, derrubei-os. Seus habitantes, novos ou velhos, não poupei, enchendo as ruas da cidade com seus cadáveres. A cidade em si e as casas, das fundações aos telhados, derrubei, destruí. Pelo fogo, devastei para que, no futuro, até o solo de seus templos fosse esquecido."

O historiador Gwynne Dyer disse que Senaqueribe destruiu a Babilônia de forma similar a uma bomba nuclear. Inclusive, a única diferença entre o mundo antigo e o moderno é que foi necessário um número bem maior de pessoas para realizar a mesma coisa. Os soldados assírios derrubaram os muros e incendiaram a cidade. (Imagine como seria tentar criar uma Hiroshima ou Nagasaki se os soldados precisassem usar as próprias mãos.)

Além de matar os cidadãos, o furioso "rei do mundo" desviou um rio para que passasse sobre a cidade, depois salgou o solo e semeou plantas espinhosas para criar um terreno inóspito.

O fim do Império Assírio pode ter acontecido, em parte, por causa de seu sucesso. Ao travarem todas essas guerras, o Estado acabou derrotando algumas das tribos mais ferozes e poderosas do Oriente Médio. Alguns especialistas teorizam que muitos dos povos dominados continuaram pacíficos mesmo depois que os assírios saíram de cena. Quando o Império Persa, sucessor dos assírios, entrou em cena, é possível que não tenha precisado ser tão brutal, porque a Assíria já havia dominado muitas das tribos, dos povos e dos Estados que, caso contrário, teriam representado uma ameaça.[19] Até se sugeriu que a invasão da Pérsia por Alexandre, o Grande, três séculos depois, foi mais fácil do que se imaginaria, talvez por a região já ter sido massacrada pelo jugo do império após séculos de guerras contra a Assíria.

Precisar o motivo para a queda ou o declínio de grandes Estados é sempre difícil. No caso da Assíria, a guerra civil e um esforço militar excessivo são os culpados mais populares. Dos últimos grandes reis, Senaqueribe, o destruidor da Babilônia, foi assassinado pelos próprios filhos. Reza a lenda que sua cabeça foi esmagada por trás enquanto ele fazia uma prece, e que a arma do crime foi um ícone religioso representando as divindades babilônicas. Os babilônios viram nisso uma vingança pelo que Senaqueribe havia feito com seu território. Seu sucessor, Assaradão,

---

[19] O Império Aquemênida era famoso por suas relativas tolerância e clemência. Será que os persas aprenderam essa lição com o exemplo dos assírios? Ou os assírios, "ao massacrarem o Oriente Próximo com o jugo do império", tornaram a brutalidade menos necessária?

parecia concordar, e trabalhou na reconstrução da grande cidade. (Ninguém quer a raiva de um deus.)

Assaradão, filho de Senaqueribe, deu pouca atenção às rebeliões internas e fez o que seus antepassados só tinham sonhado em realizar: atacou o Egito. É este ataque a uma terra tão grande, poderosa e longínqua que alguns historiadores citam como o "passo maior que a perna" da Assíria. Derrotar as forças dos egípcios provou ser relativamente fácil para os exércitos assírios, ainda formidáveis, mas manter o controle da região mostrou-se um pesadelo logístico e econômico. O principal exército ficou preso por tempo demais no atoleiro egípcio enquanto as coisas iam de mal a pior no coração da pátria. Caíram em uma armadilha clássica dos impérios: o esforço militar excessivo.

Enquanto isso, no vácuo de poder criado enquanto a Assíria, como de costume, esmagava mais um inimigo — os elamitas —, uma tribo outrora insignificante e pouco conhecida estava subindo ao poder no que hoje é o oeste do Irã. Um povo conhecido como os medos começou a se organizar em um Estado mais estabelecido sob um rei chamado Ciaxares, cujo pai teria sido morto pelos assírios. É atribuída a ele a refundição do exército dos medos em uma força formidável.[20] Enquanto a maior parte das forças de Assaradão estava engajada no Egito, a Média começou a causar problemas à Assíria de uma maneira que não acontecia há muito tempo.

Em 615 a.C., Ciaxares investiu contra a Assíria. Seu ataque foi inicialmente repelido, mas, no ano seguinte, ele tentou de novo, e conseguiu destruir o antigo centro religioso do império, a primeira capital, Assur. Isso foi um choque. Os babilônios, sempre à procura de uma maneira para se libertar do domínio assírio, e notando uma oportunidade, aliaram-se ao exército dos medos em

---

[20] Pelo menos, é o que dizem as fontes da Antiguidade.

uma cerimônia sob os muros arruinados de Assur. Nascia aí uma poderosa aliança antiassíria.[21] Ciaxares ofereceu sua filha ao rei babilônico como prova de seu compromisso. O momento decisivo, se esta avaliação pode ser feita tanto tempo depois do fato, ocorreu quando os bárbaros citas, com seus arqueiros a cavalo, uniram forças com os medos e os babilônios, e juntos avançaram contra Nínive em 612 a.C.

Depois de várias batalhas e um cerco de três meses, a grande metrópole antiga caiu. Os medos trataram Nínive como os assírios teriam tratado uma de suas cidades. Reza a lenda que o último rei juntou todos os seus bens e artefatos mais preciosos e os incendiou junto consigo mesmo, no instante em que os exércitos aliados derrubavam os muros de Nínive.

Os arqueólogos modernos descobriram ruínas de cerâmica, tijolos vitrificados e outros detritos jogados no fosso da cidade para facilitar o ataque às muralhas. Também encontraram as partes em que essas muralhas foram rompidas. Entre as camadas de cinzas e fuligem, os pesquisadores acharam sinais de um fogo tão quente que derreteu vidro, e também restos humanos com marcas indicando um fim violento.

Os profetas bíblicos, que supostamente previram a queda da Assíria, escreveram seu epitáfio:

> *"Eis que eu sou contra ti, ó soberbo", diz o Senhor Deus dos*
>   *Exércitos...*

> *E há de ser que, todos os que te virem, fugirão de ti, e dirão:*
> *"Nínive está destruída!*
> *Quem terá compaixão dela?*
> *Donde te buscarei consoladores?"*

---

[21] Os assírios já haviam esmagado coalizões como essa no passado.

Não há cura para a tua ferida,
A tua chaga é dolorosa.
Todos os que ouvirem a tua fama
baterão as palmas sobre ti;
porque, sobre quem não passou continuamente a tua malícia?

Duzentos anos depois, quando Xenofonte esbarrou em suas ruínas, ninguém sabia lhe dizer quem eram os assírios. A cidade-fantasma, no entanto, permaneceu em um testemunho velado da grandeza e majestade de seus construtores, quem quer que fossem.

Presumimos que esse não será nosso destino. Assim como eles presumiam.

Capítulo 5
_____

O CICLO DE VIDA BÁRBARO

É FÁCIL TOMAR COMO certas tudo que mantêm nossa sociedade funcionando — o sistema complexo e interconectado que nos fornece coisas como energia, comida e proteção militar ou policial. O sistema financeiro parece funcionar no piloto automático. O mesmo pode ser dito da rede elétrica; a maioria de nós quase nem a percebe até que uma tempestade a danifique e então acendamos algumas velas e esperemos que a empresa responsável resolva o problema. E se a eletricidade nunca voltasse? Como um povo tão dependente dela quanto nós lidaria com uma redução forçada e permanente?

Nenhuma geração de humanos teve tantos confortos e avanços quanto a nossa — nem dependeu tanto deles. E nossas mentes foram formadas para esperar melhoria e modernização contínuas, uma suposição tácita de um avanço ininterrupto e de que a velocidade com que as descobertas e inovações tecnológicas são feitas apenas vai aumentar.

Pode ser um pensamento unidirecional, mas reflete como as coisas ocorrem há muitos séculos. É compreensível que, com o tempo, as pessoas esqueçam que as coisas possam se mover na direção oposta. Afinal, quando foi a última vez que a sociedade retrocedeu?

A queda do Império Romano talvez seja o exemplo mais clássico. A experiência das áreas romanizadas das Ilhas Britânicas pode ser o caso específico mais marcante. Foi Júlio César que, em 55 a.C., fez a primeira incursão de uma potência mediterrânea através do Canal da Mancha para explorar a terra pouco conhecida (pelo menos, por não nativos) do outro lado. Ele lutou com os habitantes locais, que, segundo o próprio,[1] pareciam culturalmente semelhantes às tribos celtas que encontrara na Gália;[2] cavalgavam e lutavam com carruagens, e muitos guerreiros pintavam a pele de azul para assustarem os inimigos. Ele retratou os nativos como um povo primitivo pelos padrões culturais e tecnológicos romanos. Depois de derrotá-los em várias batalhas, César atravessou o canal de volta com suas tropas e prosseguiu em direção ao seu destino, na Itália. As tribos na Britânia tiveram quase um século de descanso antes de os romanos retornarem. Em 43 d.C., um exército romano atravessou o canal, derrotou e pacificou os habitantes locais. Fizeram isso da maneira habitual, que envolvia muita matança e repressão. A brutalidade romana no que poderíamos chamar hoje de guerra de contrainsurgência era muitas vezes considerada normal, e suas consequências imediatas para os habitantes locais, terríveis. Os ganhos a longo prazo para os descendentes dos habitantes conquistados foram imensos. Os romanos trouxeram as tais "bênçãos da civilização"

---

[1] De uma maneira estranha, César é parte conquistador e parte Era dos Descobrimentos ou um Explorador Galáctico de *Star Trek*. Seus registros desses eventos são os primeiros relatos confirmados de uma testemunha ocular que o mundo mediterrâneo recebeu desse planeta alienígena da Antiguidade. César apresenta uma nova civilização aos seus leitores. Pense em como ficaríamos fascinados hoje com algo semelhante.

[2] Quase equivalente à França moderna.

para grande parte do mundo.³ Mas quando voltavam para onde vieram, muitas vezes levavam essas bênçãos junto. E é nesse ponto que a Estátua da Liberdade começa o longo processo de desaparecer na areia.

A Britânia, sob o domínio romano, fez parte de um dos grandes impérios da história mundial, então perdeu rapidamente esse status. É difícil para nós que vivemos hoje entendermos o que isso significou. Vários séculos como romanos transformaram os tais "bárbaros" em "romano-bretões", um povo que passou a desfrutar de banhos públicos quentes, maravilhosos edifícios, estradas fantásticas, muralhas poderosas e inúmeras fortalezas — tudo administrado por soldados romanos. Era como se os bretões estivessem conectados à versão civilizacional de uma rede elétrica — estavam ligados ao Mediterrâneo e ao Oriente Próximo (cujas raízes remontam à antiga Mesopotâmia) — quando, no início dos anos 400 d.C., houve um grande apagão. As tropas e o dinheiro que mantinham o sistema na Britânia eram extremamente necessários para uma Itália ameaçada. Depois de vários séculos de governo e administração romanos, o imperador disse aos habitantes da região que teriam que se virar.

O resultado foi que cem anos após o domínio de Roma recuar, os habitantes se encontraram vivendo em uma era menos avançada do que a de seus ancestrais. Quais seriam as consequências se isso acontecesse hoje — se um governo central abrisse mão de seu poder sobre uma determinada área? Alguns problemas, como escassez de alimentos e combustíveis, apareceriam quase de maneira imediata, enquanto outros levariam mais tempo, à

---

³ Essa é uma maneira de ver as coisas. "Os romanos criam a desolação e a chamam de paz" era outra visão da "civilização romana", de acordo com aqueles que ela dominou. Os europeus também trouxeram "as bênçãos da civilização" para os indígenas em vários continentes não europeus ao longo da história. Sem dúvida não consistem apenas em bênçãos.

medida que sistemas e estruturas fossem se deteriorando e se degradando.

Metaforicamente, quanto tempo as luzes continuaram acesas no Império Romano após sua desintegração? Quanto tempo duraram os banhos públicos nas ex-províncias periféricas antes de ruírem porque não havia sobrado alguém que se lembrasse de como repará-los ou que possuísse os materiais necessários? E os aquedutos que abasteciam a água? Quem cuidava das muralhas e fortificações que mantinham afastados os inimigos e invasores? Como alguém pagava por essas coisas se os impostos não estavam sendo coletados ou distribuídos? Quem interveio e assumiu os papéis básicos que o governo, em geral, desempenhava?

Centenas de possíveis cenários foram propostos para a "queda do Império Romano".[4] Assim como acontece com outras "quedas", alguns especialistas acreditam que, em vez de uma ação dramática, houve uma transição — uma mudança na administração, por assim dizer — que pode ter atendido melhor às necessidades dos locais do que a administração romana. Mas, independentemente da verdade, é difícil ignorar o fato de que os novos gerentes de muitas dessas ex-províncias romanas no Ocidente, embora tentassem preservar as práticas romanas, eram tribos germânicas.

Olhar para um mapa do mundo romano por volta de 600 d.C. é testemunhar um império fragmentado. Foi o que ocorreu. As terras romanas ao norte da África foram ocupadas por uma tribo germânica chamada vândalos. A Espanha e partes do que é hoje o sudoeste da França estavam sob o controle dos visigodos, enquanto a tribo da Borgonha dominava e administrava o sudeste da França. O que é hoje o norte da França era

---

[4] A frase se refere ao Império Romano do Ocidente. A parte oriental, centrada na Turquia moderna, durou mais mil anos depois que a metade ocidental do império se fragmentou.

governado por um rei franco "bárbaro", e o coração do antigo Império Romano, na Itália, estava com os ostrogodos. Muitos outros territórios que antes pertenciam ao império passaram a ser controlados por entidades governantes ainda menores. Tudo fora romano em 400 d.C. Em muitos lugares, os senhores da guerra "bárbaros" ainda estavam tentando manter as coisas dessa maneira. O historiador Chris Wickham escreve: "As comunidades ocidentais eram todas governadas segundo a tradição romana, mas eram mais militarizadas. Suas estruturas fiscais eram mais fracas. Tinham menos inter-relações econômicas, e suas economias internas eram mais simples." Ele acrescenta: "Muitas vezes, os exércitos bárbaros ocupavam províncias romanas, que então administravam à maneira italiana; então nada mudou; mas tudo mudou."

Como isso pôde acontecer? Em seu auge (por volta de 100 d.C.), o Império Romano era, provavelmente, o maior Estado que o mundo já havia visto. Somente a China da dinastia Han contemporânea poderia estar à altura de Roma. O império era sofisticado, controlava um território enorme, governava cerca de 70 milhões de cidadãos[5] e mantinha os "bárbaros" afastados. O fato de Roma também ser uma das nações mais bélicas da humanidade não é mera coincidência. A construção desse império não seria possível se ela não tivesse um dos melhores exércitos da história.[6]

O exército ainda fascina os historiadores militares modernos. Como é o caso também de outros do mundo antigo, seu

---

[5] Este número é controverso e ainda debatido.

[6] Isso não significa que Roma fosse capaz de derrotar qualquer exército que enfrentasse, no entanto. No boxe, há a expressão "estilos de brigas", que significa que alguns estilos superam outros. O mesmo se aplica à guerra. Mas os romanos eram dominantes em seus dias como não se encontra em qualquer lugar.

funcionamento real no campo de batalha não é compreendido por completo. No auge, o exército era uma força multinacional de profissionais de longa data composta por homens recrutados de todas as partes do império, vinculados por uma tradição institucional que remonta a séculos. As tropas eram disciplinadas, treinadas, equipadas pelo Estado e muito motivadas. A liderança mais baixa era a dos famosos centuriões, e os exércitos romanos eram capazes de feitos no campo de batalha que a maioria dos outros não conseguiria igualar.[7] É um exemplo maravilhoso no microcosmo de quão sofisticado o mundo antigo era. Alimentar e armar esse exército exigia uma logística em uma escala que não associamos a sociedades passadas. Todo o Estado romano estava sempre protegido por entre trezentos e quinhentos mil homens,[8] posicionados em postos do norte da Grã-Bretanha ao norte da África e da Espanha à Síria.

E eles eram dominantes no combate. Como escreve o historiador Arther Ferrill: "Ao contrário do que era costume na história militar pré-moderna, os romanos infligiam um grande número de baixas mesmo quando eram derrotados. Eles não fugiam, que é quando o maior número de baixas é sofrido. Contra tropas não treinadas, não podiam ser derrotados, mesmo quando estavam em desvantagem numérica. Só quando um exército romano era pego de surpresa em terreno desfavorável é que os bárbaros tinham a chance de obter uma vitória tática."

Se alguém pudesse avançar o exército romano mil anos na história, é difícil imaginá-lo perdendo para qualquer tropa

---

[7] Revezar tropas cansadas com tropas descansadas durante o combate fazia parte do sistema romano que, se não único, era raro devido à dificuldade. A vantagem de poder fazer o equivalente esportivo de uma substituição pelos reservas no banco desgastaria até os inimigos mais motivados e habilidosos.

[8] Considerando o número de inimigos que o exército romano enfrentou, esse é um número notavelmente pequeno de soldados.

europeia até a Idade Média.⁹ Até que ponto do futuro os melhores militares hoje poderiam ser transportados e ainda serem competitivos?

Se um Estado vizinho estava em paz com os romanos, era por um dos três motivos:

1. Eles já haviam sido derrotados. Muitos Estados em paz com Roma foram transformados em Estados clientes ou incorporados a Roma, e sua população se tornou cidadã romana.
2. Eles ainda não haviam sido derrotados. Às vezes, um momento de fraqueza romana — que, como qualquer nação de longa data, experimentava altos e baixos de poder — obrigava seus diplomatas, muito agressivos, a manterem relações pacíficas a longo prazo com os vizinhos. Esses relacionamentos, em geral, terminavam quando Roma retomava sua força.
3. Eles não eram conhecidos por Roma.

---

⁹ No mínimo, porque os romanos tinham uma tropa muito maior do que quase qualquer povo na Europa. Estima-se que o exército carolíngio de Carlos Magno tenha sido muito grande, mas, fora isso, a maioria dos exércitos europeus da era pós-romana era pequena em comparação. Os normandos invadiram a Inglaterra saxã com menos de 15 mil homens em 1066 d.C. (talvez, até menos). Os romanos invadiram a Grã-Bretanha mil anos antes com 20 mil legionários e cerca de 20 mil homens em tropas auxiliares. Como teriam se saído os 8 a 12 mil de Guilherme, o Conquistador, contra um exército romano com 40 mil soldados, provavelmente, mais bem abastecido? Além disso, Guilherme não poderia ter recrutado muito mais que esse número, enquanto a invasão romana da Grã-Bretanha usara apenas uma porcentagem do contingente. Em relação à estratégia, teria sido uma vitória de lavada. O Império Romano, de cerca de 70 milhões de pessoas e muito dinheiro e recursos, seria capaz de esmagar o território provincial do duque da Normandia. Os romanos teriam sido oponentes dificílimos para qualquer exército pré-pólvora. E teriam derrotado a maioria deles.

O número três reflete uma faceta de outra era da história. De vez em quando, nós, modernos, descobrimos uma pequena comunidade vivendo em completo isolamento em algum local muito remoto. Na história antiga e medieval, não saber como era o mundo além de um certo ponto do mapa e esbarrar em um Estado, uma cultura ou um povo até então desconhecido não era apenas possível, mas, à medida que os impérios iam se expandindo, inevitável.

Vivemos em uma época em que o mundo inteiro foi esquematizado e, graças às imagens de satélite, toda a superfície do planeta é conhecida. Nossos mapas não têm mais monstros marinhos representando os vastos territórios longínquos que não são conhecidos. Os estrategistas de defesa modernos não saberiam nem por onde começar se tivessem que considerar áreas do globo tão escondidas deles quanto o lado escuro da lua. O que poderia estar à espreita em um hemisfério não descoberto? Poderia ser uma versão terrestre de *A guerra dos mundos*, de H.G. Wells, na qual uma sociedade tecnologicamente mais avançada e desconhecida entra no seu hemisfério e, de repente, começa a destruir suas forças armadas atrasadas — ou o contrário, com bárbaros primitivos não muito diferente das hordas de neandertais saídas do além desconhecido para atacar as defesas do seu império.

Isso aconteceu muitas vezes com os planejadores militares do passado.[10]

E embora nós, modernos, não fôssemos sentir muito medo de uma sociedade recém-descoberta se ela estivesse muito abaixo de nossos níveis tecnológico, econômico ou de complexidade, alguns dos povos mais assustadores da história foram os que se encaixaram nesses critérios, chamados de "bárbaros".

---

[10] Alguém disse invasões mongóis? Hunos?

Os termos "romano" e "bárbaro" tornaram-se intimamente relacionados, em grande parte, devido ao papel que o segundo exerceu ao tirar do primeiro seus territórios ocidentais. Mas os bárbaros existiram muito antes de haver romanos. A ideia que as pessoas têm de um "bárbaro" — um guerreiro forte, barbudo, com capacete de chifre e machado de batalha que adora deuses heroicos, bebe muito e tem um comportamento quase insano nas batalhas — é específica do nosso período e nossa cultura, não a concepção antiga. Foram os gregos que inventaram a raiz do termo usado hoje, e referiam-se a quem não era grego.[11] Isso abrangia muitos povos diferentes; a maioria, inclusive. Os romanos usavam a palavra em um sentido semelhante, chamando de "bárbaros", inclusive, povos muito refinados, como os persas e os cartagineses. Mas o termo tem sido utilizado há muito tempo pelos Estados e sociedades agrícolas estabelecidas como um rótulo negativo para os povos tribais e nômades. Quando pensamos nos bárbaros, esse é o nosso estereótipo: um povo feroz, inculto, analfabeto, perigoso, destruidor de lugares e coisas refinados e, no entanto, quase infantil.

Parece que toda cidade-estado antiga, durantes seus anos de formação, teve bárbaros, nômades ou tribos locais habitando as proximidades. Muitas vezes, essas comunidades construíam suas casas ou montavam suas tendas e seus abrigos no terreno acidentado evitado pelos agricultores e moradores da cidade — as colinas ou montanhas, o deserto ou as estepes sem árvores. Havia comércio, interações, diplomacia e, sim, atrito entre esses dois grupos, e muitas cidades-estados dominavam as tribos ou nômades locais — ou vice-versa.

---

[11] Podia ser ainda mais excludente. Os macedônios eram gregos? Eles achavam que sim. Os atenienses arrogantes discordavam. Foram eles que deram a alcunha de "Filipe, o Bárbaro" ao rei da Macedônia, pai de Alexandre, o Grande.

Em algum lugar do passado nebuloso e semilegendário da Itália no século VIII a.C., a cidade de Roma começou mais ou menos dessa maneira. Nos séculos IV e III a.C., era uma pequena cidade-estado — travava guerras contra os vizinhos a um dia de caminhada de distância. Dois séculos depois, tinha se transformado em um vasto império que se estendia pelos três continentes até então conhecidos.[12]

Lívio, escritor romano, declarou que Roma conquistou o mundo em legítima defesa, mas essa ideia parece um pouco conveniente demais.[13] Baseia-se no pressuposto de que a conquista e a vitória sobre inimigos perigosos serviam para pacificar a fronteira instável, mas esta nunca parecia ficar calma. Sempre surgiam novos inimigos (cada vez mais fortes e impetuosos) depois dos últimos serem derrotados. A conquista de César da Gália, por exemplo, trouxe estabilidade em relação aos gauleses, mas veio uma nova fronteira do rio Reno, com novas tribos ferozes que eram antes problema da Gália. A partir deste momento, porém, passaram a ser um problema de Roma também. Para os romanos, deve ter parecido que toda tribo bárbara escondia outra tribo ainda mais bárbara até os confins da terra. Se um povo busca uma fronteira segura, onde isso termina?

Os inimigos "bárbaros" mais perigosos de Roma se originariam de locais que, ao contrário da Gália, relativamente próxima, estavam fora do alcance de Roma — lugares que pareciam regurgitar tribos e povos ferozes como os vulcões fazem com as ilhas. É um fenômeno fascinante da geografia humana histórica. A região mais famosa entre essas, às vezes chamada de "ventre das nações" ou "fábricas de tribos", ficava no entorno das cordilheira de Altai,

---

[12] Europa, África e Ásia. Claro que as Américas, a Antártica e a Austrália eram desconhecidas para eles.

[13] Sua lógica pode deixar a desejar, mas eles, de fato, conquistaram o mundo.

na Mongólia.[14] Esse território remoto, gélido e acidentado pode ter sido a origem de uma série de tribos nômades da Ásia Central ao longo dos tempos — citas, sármatas, hunos, ávaros, turcos e mongóis, todos podem ter aparecido[15] nessa região. Se isso for verdade, é uma área de pedigree "bárbaro". Também fica bem longe de Roma. Os romanos teriam que conquistar as fronteiras da China moderna para fechar essa barbárie direto na "fonte", como fizeram na Gália.

Outra região que parecia ser uma espécie de berço de nações era a Escandinávia. Era um lugar que teria sido difícil para Roma subjugar e colonizar de maneira permanente: relativamente remota, com uma baixa capacidade de produção de comida para alimentar populações em crescimento e um ambiente hostil. Sem dúvida, não parece um lugar rico e tentador para invadir. Inclusive, os próprios habitantes, de vez em quando, partiam em busca de coisas melhores. Guerreiros grandes, louros e de olhos azuis haviam sido durante séculos uma exportação do extremo norte — com graus variados de entusiasmo. Os vikings foram uma das últimas das grandes erupções de comerciantes, navegadores, colonizadores, piratas e guerreiros da Escandinávia, mas essa região tem o crédito de ter produzido muitos outros povos ao longo da história. É de lá que as tribos germânicas como os godos, lombardos, vândalos e muitos outros supostamente se originaram, em algum momento, antes de migrarem para o sul.[16] Essas comunidades específicas,

---

[14] Também chamadas de montanhas altaicas ou maciço de Altai.

[15] O que quer que "aparecer" signifique. Não é como se alienígenas os estivessem largando pela área, mas é o que a falta de fontes faz. Quem sabe um dia a tecnologia nos diga de onde vieram todos esses povos fascinantes e a que outros povos eles podem estar relacionados.

[16] Muitas dessas tribos tinham uma história oral que falava em uma origem escandinava; a investigação, com base em evidências de DNA, ainda não chegou a uma conclusão.

no entanto, chegaram (ou se juntaram) à Europa Central séculos depois de os romanos encontrarem pela primeira vez povos que classificaram como "germânicos".[17]

A "Alemanha" é uma criação moderna. Os territórios com povos ou culturas identificados como "germânicos" abrangem uma área muito maior do que a ocupada pelo estado-nação moderno que conhecemos. De oeste a leste, entre os rios Reno e Vístula, e do mar do Norte e do mar Báltico ao Danúbio e até o mar Negro, habitava um número sempre variável de várias dezenas de tribos e confederações tribais que os romanos (em geral) classificavam como germânicos.[18]

Durante grande parte da história antiga, muito dessa área estava fora do mapa conhecido, sendo o equivalente terrestre dos dragões e monstros marinhos que habitavam as extremidades oceânicas do mundo ou os interiores desconhecidos da África nos primeiros mapas e globos. Sem dúvida, comerciantes e tribos bárbaras amigáveis teriam fornecido algumas informações sobre como eram as pessoas do outro lado do Reno, mas dificilmente o que ouviram preparou os romanos para o *furor teutonicus* quando puderam encontrá-los.

O momento do "primeiro contato" — quando as tribos alemãs chegaram em massa ao mundo do Mediterrâneo (onde as culturas dominavam a escrita e podiam registrar informações como essa) — ocorreu no período em que as supostamente gigantes tribos

---

[17] Em latim, *germani*. Tentar chegar a uma definição em termos étnicos é impossível. Um dia, os testes de DNA podem resolver a questão, mas, por mil razões, tentar descobrir o que é um "alemão" comparado ao que, por exemplo, é um "celta" ou um "belga" é impossível. Os escritores romanos eram etnógrafos um tanto preguiçosos, para início de conversa, e os autores tinham seus próprios motivos para descrever esses povos como faziam. Às vezes, pode ter sido simplesmente para criar uma história mais interessante.

[18] Muitas vezes, nas fronteiras onde diferentes povos e culturas convivem, cria-se uma espécie de estuário cultural. Portanto, poderia haver uma tribo germânico-celta ou uma mistura trácio-alemã etc.

dos cimbros e dos teutões[19] começaram a migrar para o sul como parte do que ficou conhecida como "Guerra Cimbria".[20] Em 113 a.C., essas sociedades se mudaram para o território de um povo celta aliado a Roma. De acordo com escritores hostis do mundo antigo, tanto os cimbros quanto os teutões eram enormes tribos de "bárbaros" intratáveis em busca de um novo lar; eles trouxeram suas famílias, posses e carroças junto.[21] Esses autores afirmaram que essas tribos se juntaram a outras à medida que sua marcha avançava, aumentando ainda mais seu número.[22]

Nessa época, Roma já vinha medindo forças com os chamados bárbaros havia séculos. Mas esse novo grupo foi retratado como extremo mesmo para os padrões não civilizados da época: eles metiam medo nos *outros* bárbaros. Os escritores da Antiguidade os descreviam como seres humanos gigantescos, com cabelos brancos e olhos cinzentos. Vestiam-se de maneira primitiva, com a pele de animais, tinham força sobre-humana e sede de sangue. Rechaçavam um exército romano atrás do outro com aparente facilidade enquanto avançavam em direção à Itália, ameaçando a própria Cidade Eterna. As baixas no campo de batalha entre os legionários romanos foram horrendas, e o desespero tomou conta do Estado romano.

---

[19] Ligado ao termo moderno "teutônico".

[20] O ponto de origem dessas tribos "germânicas" é debatido, mas que tenham vindo da costa do Norte ou do mar Báltico é uma teoria popular.

[21] Pode ser útil imaginar as tribos "bárbaras" como os romanos e chineses as definiam, em uma escala de quão incivilizadas elas eram. "Cozidas" ou "Cruas" era a maneira chinesa de descrever a diferença entre as que tiveram seus costumes suavizados pelo contato com as sociedades sedentárias *vs.* as totalmente selvagens. Na visão romana, os cimbros e os teutões não só não eram malpassados, estavam sangrando.

[22] Incluindo povos celtas. Aliás, já se debateu sobre o quanto esses nortistas eram germânicos (a opinião dominante) e quanto poderiam ter sido celtas. Algumas teorias sugerem uma fusão dos dois povos.

E então, como descrevem os escritores antigos, as tribos bárbaras, como um bando de crianças distraídas, voltaram sua atenção para algo mais colorido, as regiões onde hoje ficam a Espanha e a França, e seguiram nessa direção, dando aos romanos tempo para elaborarem um plano de emergência, que consistiu, como era comum entre eles, em encontrar um líder extraordinário e deixá-lo no comando.

Quando os cimbros e teutões retomaram sua marcha em 104 a.C., os romanos haviam colocado no comando Caio Mário, general do exército e cônsul eleito várias vezes. Esse homem — que desempenharia um papel importante na espiral descendente da República Romana — provavelmente salvou o império de uma das piores ameaças que já enfrentou quando esmagou os teutões e seus aliados pela primeira vez na Batalha de Águas Sêxtias, em 102 a.C. (que supostamente deixou 90 mil germanos mortos em campo). Caio Mário fez o mesmo com os cimbros na Batalha de Vercelas no ano seguinte (matando de 65 a 160 mil membros da tribo).[23] Assim terminou a primeira terrível ameaça germânica na história de Roma.

Uma geração depois (por volta de 55 a.C.), uma das maiores figuras históricas de Roma, Júlio César (sobrinho de Caio Mário) lidava com seu próprio desafio germânico. De acordo com o relato do próprio, as tribos celtas, no que é hoje a Europa Ocidental (principalmente na região do rio Reno), estavam sendo atacadas por esse povo feroz que César chamou de "germanos". O romano os retratou como tão assustadores e avassaladores quanto a geração anterior (se é que eram mesmo parentes dos cimbros e teutões) e disse que os celtas imploravam por sua ajuda para pôr um fim aos ataques e à invasão pelo Reno.

---

[23] Mais uma vez, não há como confirmar esses números. As fontes não são confiáveis e até os melhores especialistas discordam sobre eles. Esse costuma ser o intervalo sugerido.

Quando as legiões romanas chegaram à área para ajudar seus aliados gauleses/celtas,[24] começaram a ouvir relatos do inimigo terrível e desconhecido que enfrentariam, e César disse que ficaram intimidadas. "Nossos homens começaram a fazer perguntas, e os gauleses comerciantes descreveram como os germanos eram altos e fortes, como eram corajosos e habilidosos com suas armas. Disseram que na batalha, não conseguiram aguentar sequer a severidade de seu olhar."[25] Segundo o relato tendencioso de César (embora aparentemente de primeira mão), as descrições aterrorizantes desses "germanos" causaram pânico entre os tribunos e prefeitos do exército romano.

Alguns deles começaram a dar desculpas para irem embora e pediram permissão para partir. Outros ficaram para trás por vergonha, querendo evitar a mácula da covardia. Esses homens não conseguiam esconder suas expressões de medo nem, às vezes, conter as lágrimas. Esconderam-se em suas tendas e lamentaram seu destino, ou se lamuriaram entre seus amigos diante do perigo que corriam. Por todo o acampamento, homens estavam assinando e selando seus testamentos.

Note-se que na época de César, os militares romanos eram grandes conquistadores e vistos como imbatíveis. As tropas que

---

[24] A identidade "celta" é tão debatida quanto a identidade "germânica". Para nossos propósitos, os termos "Gália" e "Celta" podem ser usados como sinônimos.

[25] O relato de Júlio César, de mais de 2 mil anos atrás, mostra o que foi o primeiro conflito franco-alemão de muitos ao longo dos séculos. Ele tinha inúmeras motivações pessoais para escrever uma narrativa e, embora seja considerada uma fonte muito importante e valiosa, precisa ser tratada com ceticismo em muitos pontos. Ele pode ter criado uma distinção totalmente artificial entre os povos para seus próprios propósitos.

ele descreve como intimidadas por esse inimigo assustador eram elas mesmas um exército de intimidadores.

Mais tarde, escritores da Antiguidade como Tácito e Plutarco diriam a mesma coisa: esse povo que César afirmou pertencer ao lado oriental do rio Reno era muito grande e valente.[26] Dizia-se que as mulheres e crianças da tribo ficavam no campo de batalha em carroças, cuidando dos feridos e gritando palavras de incentivo para os seus guerreiros, colocando-se em perigo de maneira que, se os homens perdessem a luta, todos morreriam ou seriam escravizados.

Tácito escreveu que os guerreiros germânicos odiavam a paz, e que se sua própria tribo não estivesse em guerra, saíam à procura de uma que estivesse para se juntarem à sua causa: "Muitos jovens, caso a terra onde nasceram estiver passando por um longo período de paz e tranquilidade, procuram outras tribos que estejam em guerra. Pois os alemães não têm gosto pela paz; a fama é mais facilmente conquistada entre os perigos, e um número grande de seguidores não pode ser mantido organizado a não ser por meio de violência e guerra." E acrescentou: "Um alemão não é convencido a arar a terra e esperar com paciência pela colheita com a mesma facilidade com que é persuadido a desafiar um inimigo e se ferir pelos espólios. Ele acha que é pacato e sem espírito acumular aos poucos pelo suor da testa o que poderia ser obtido rapidamente ao se derramar um pouco de sangue."[27]

---

[26] Ao insistir em seu relato que tais povos deveriam ser mantidos ao leste do Reno, César mostrava onde achava que os povos "celtas" deveriam ficar e onde eram as terras dos "germanos". Ele podia estar criando limites artificiais para seus próprios fins, mas é interessante observar que, de muitas maneiras, esses limites permaneceram mais ou menos inalterados até hoje.

[27] Há nessa visão elementos do que chamaríamos hoje de racismo, etnocentrismo e estereótipos. Pode haver verdade misturada com o preconceito, mas nem sempre é fácil dizer onde um termina e o outro começa.

Por fim, César falou sobre como essas grandes tribos criaram zonas despovoadas à força ao redor de suas terras para formar um perímetro defensivo. Quanto maior a comunidade, maior a zona morta. "Os Estados alemães mais elogiados são aqueles que devastam suas fronteiras e, portanto, mantêm a maior área despovoada em torno de si." (César alegou ter ouvido falar de uma zona com quase mil quilômetros de extensão.)[28]

Uma relação interessante se desenvolveu entre os romanos e alemães nos séculos seguintes, seguindo dois caminhos divergentes. O primeiro, e mais óbvio, pelo menos nos livros de história, foi um relacionamento através da guerra.

Desde a época da grande invasão/migração dos cimbros e teutões até o fim do Império Romano do Ocidente, as tribos germânicas e os exércitos romanos mediram forças. Apesar dos atributos físicos tão celebrados, das proezas em combate e do *furor teutonicus* dos exércitos germânicos, os romanos os venciam com muito mais frequência do que perdiam, e, quando sofriam derrotas, em geral, havia circunstâncias atenuantes.

Um exemplo perfeito disso aconteceu em 9 d.C., uma versão romana da Batalha de Little Bighorn. Mas, enquanto George Armstrong Custer, tenente-coronel estadunidense, perdeu menos de trezentos homens em seu confronto desastroso com uma força maior de nativos, os romanos perderam cerca de 20 mil de seus soldados para os guerreiros tribais. O general romano Públio Quintílio Varo liderou um exército de três legiões, além de milhares de auxiliares, até o centro-norte da Alemanha... e nunca voltou. Um membro da tribo germânica treinado pelos romanos que o general achava ser um aliado, mas que estava em conluio

---

[28] A distância pode não ser exata depois de se converter as medidas romanas para as modernas, mas ainda era uma zona morta gigantesca — quase a distância de Inverness, ao norte da Escócia, até Bristol, na costa sul da Inglaterra; ou de Washington, D.C. até Indianápolis.

com vários aliados hostis a Roma, conduziu Varo e seus homens até uma armadilha.[29] Eles foram emboscados nas florestas escuras e exterminados — a história, para um romano civilizado, foi um pesadelo completo.

Vários anos depois, uma força romana querendo se vingar encontraria os remanescentes terríveis da batalha, incluindo as defesas vencidas, as últimas barricadas e os lugares onde os prisioneiros romanos foram torturados até a morte.

Tácito retratou tudo sem floreios:

O primeiro acampamento de Varo, com sua ampla circunferência e as dimensões de seu espaço central, indicava o trabalho manual de três legiões. Mais adiante, a muralha parcialmente caída e o fosso raso sugeriam que se tratava dos restos do exército que havia assumido aquela posição. No centro do campo estavam os ossos dos homens, mortos enquanto fugiam ou defendiam suas posições, espalhados por toda parte ou empilhados em montes. Ali perto havia fragmentos de armas e restos de cavalos, e também cabeças humanas, pregadas em troncos de árvores. Nos bosques adjacentes estavam os altares bárbaros, nos quais tribunos e centuriões de primeiro escalão foram imolados.[30]

---

[29] Em algum momento, enquanto as legiões estavam espalhadas por muitos quilômetros na floresta enlameada, os guerreiros da tribo fizeram uma emboscada. As fontes afirmam que chovia, que os escudos e arcos romanos estavam encharcados e que os legionários estavam cercados enquanto flechas choviam sobre eles. A impressão é de que pânico e claustrofobia estavam presentes, pois os romanos não podiam ver muito mais do que a área imediatamente ao seu redor e não podiam se organizar e lutar em uma formação de batalha tradicional. Estavam embrenhados em uma terra hostil e as tribos germânicas eram intimidadoras e assustadoras, ainda mais em seu próprio território. Em uma luta que duraria vários dias, as três legiões romanas foram destruídas. Varo e muitos de seus oficiais se mataram para não caírem nas mãos de seus inimigos.

[30] O local da batalha pode ter sido encontrado no século XX; a arqueologia parece confirmar os relatos escritos.

Diziam que o imperador Augusto César, de vez em quando, batia a cabeça em uma porta, repetindo: "Quintílio Varo, devolva minhas legiões!"[31]

A Batalha da Floresta de Teutoburgo (*Teutoburger Wald*) não pôs um fim ao envolvimento romano na região, mas foi considerada por muitos historiadores um momento decisivo, no qual os germanos esmagaram qualquer esperança dos romanos de transformarem a Germânia em outra província imperial, como tinham feito com a Gália. A região era grande demais, e o terreno e o clima, muito desafiadores. "Romanizar" a região teria sido difícil para os contribuintes e militares de Roma nessa fase do império, e, para dizer a verdade, não era uma área rica o suficiente para justificar o esforço para dominá-la e mantê-la. Os imperadores Trajano (r. 98-117 d.C.) e Marco Aurélio (r. 161-180 d.C.) travariam guerras terríveis contra os alemães, mas, no fim das contas, ficaria decidido que a fronteira de Roma pararia quase no Reno, não muito longe das da Alemanha moderna. Ao longo do Danúbio, ao sul, os italianos construíram enormes fortificações para proteger o império das incursões germânicas.

O aspecto bélico do relacionamento romano-germânico atrai mais atenção histórica, mas pode ter sido a simples interação pacífica entre os dois povos que acabou mudando o equilíbrio de poder. É fácil ver como o contato prolongado, mesmo que por meio de uma fronteira, pode transformar as sociedades à medida que bens, dinheiro, ideias e pessoas vão e voltam. Isso é ainda mais verdadeiro se houver um desequilíbrio cultural ou tecnológico. Os povos nativos das Américas, no século XVI, não eram os mesmos após quinhentos anos de contato contínuo com os europeus mais centralizados e tecnologicamente avançados. Os povos tribais germânicos na Europa Central também não eram os mesmos após

---

[31] Segundo Suetônio, escritor antigo.

cinco séculos de contato com o mundo romano. Os alemães que lutaram junto a Roma, auxiliares ou mercenários, eram um canal óbvio para a transmissão de ideias e da cultura romanas. Isso era verdade nos casos das tribos do interior do território germânico, que não tinham contato direto com as terras romanas. Mesmo antes de a República Romana se transformar em um império, a vantagem de se usar guerreiros germânicos já era reconhecida. Muitas vezes, esses combatentes alemães a serviço do império tinham a oportunidade de viajar para Roma e conhecer uma das maiores cidades que o mundo já havia visto. Então partiam para lutar nas fronteiras do império, junto de outros povos cosmopolitas em lugares longínquos. Quando voltavam às suas tribos na Alemanha, traziam consigo uma experiência adquirida ao viver em uma sociedade avançada. Multiplique isso por centenas de milhares de guerreiros por muitas gerações e não é difícil ver o quão transformador isso foi.

Quando o Império Romano no Ocidente começou a cambalear (digamos, nos anos 400 d.C.), muitas dessas sociedades "bárbaras" germânicas e seus líderes se pareciam muito com os próprios romanos. O historiador Roger Collins escreve: "Seria fácil imaginar [os bárbaros] como pouco mais do que selvagens — nus, peludos e, sem dúvida, pintados de maneira extravagante. Na prática, no entanto, nos séculos IV e V, os vários povos de língua germânica eram, em termos culturais concretos, bem parecidos com os romanos das províncias." Embora mais deles tivessem cabelos loiros ou ruivos, além do onipresente bigode antigo, Collins salienta que os alemães usavam muitas das mesmas roupas que os romanos. Inclusive, os dois lados vestiam trajes um do outro e também estilos parecidos de adornos. As calças justas alemãs e os cabelos compridos tornaram-se moda entre o pessoal mais descolado de Roma — para desgosto dos tradicionalistas da Cidade Eterna.

Há muito tempo se argumenta que o que acontecia militarmente era uma fusão que talvez estivesse longe de ser inofensiva, uma espécie de germanização do exército. Tudo começou com a prática de empregar tropas germânicas — às vezes, tribos inteiras —, equipadas e lutando como guerreiros tribais.[32] Transformar povos em aliados (ou *foederati*) e, em seguida, usar seus soldados nos exércitos de Roma, era uma prática muito antiga na história do império. Os romanos lidaram com os alemães como muitos outros, criando Estados clientes em suas fronteiras tribais germânicas que eram governados por líderes tribais subordinados a Roma e que formavam estados-tampão entre Roma e as tribos do interior. Esses clientes também costumavam mandar grandes números de guerreiros para lutarem junto aos romanos quando necessário. Alguns historiadores chegaram a se referir a esses acordos como "contratos".[33]

Nunca houve um problema em se ter *alguns* germanos lutando no exército romano, mas a questão de se havia bárbaros demais na tropa foi muito debatida. Em que ponto o exército se tornava mais germano que romano? Isso importava? Para os italianos, pode ter sido uma questão existencial além de teórica, ainda mais porque esse mesmo exército seria convocado para defender Roma em seus dias mais sombrios contra aqueles que acabariam por derrubar o império ocidental.[34]

---

[32] Em vez desses homens serem treinados como tropas romanas e incorporadas à organização padrão do exército.

[33] "Tratados" é o termo mais tradicional.

[34] E, embora isso pareça muito perigoso, vale ressaltar que, na grande maioria das vezes, as tropas germanas fizeram exatamente isso, com lealdade e competência. Mas isso também significava que os inimigos germânicos não estavam em tanta "desvantagem" quanto nas eras anteriores. Se você fosse um comandante romano, o que preferiria? Comandar um monte de legionários do primeiro século contra os bárbaros ou uma força bárbara do século V contra outra?

No decorrer de apenas alguns séculos, os exércitos romanos ficaram tão germanizados que os guerreiros alemães começaram a ser promovidos na cadeia de comando. Em certos momentos do império, os principais exércitos de campanha no Ocidente *e* no Oriente foram comandados por generais de ascendência germânica. Essas tropas, com o passar do tempo, começaram a ter não só outra aparência, mas também outro estilo de luta de épocas anteriores. Em vez de se integrarem às legiões e se tornarem quase indistinguíveis de outras tropas romanas (como aconteceu com os gauleses depois que foram dominados), mais e mais contingentes germanos estavam lutando do lado dos romanos com suas armas "bárbaras" tradicionais, suas armaduras, seus líderes e estilo de luta.

É difícil quantificar até que ponto isso contribuiu para o que acabaria por acontecer à Roma.[35] A arqueologia recente lançou luz a certos acontecimentos até então desconhecidos atrás da "cortina de ferro bárbara". Parece que muita coisa estava mudando no interior obscuro da Europa Central e do Norte, do aumento da riqueza e da atividade econômica à evolução dos sistemas políticos até novas técnicas agrícolas, que contribuíram para o enorme aumento da população. Quanto disso se deveu ao contato com povos como os romanos e quanto germinou de maneira interna não está claro,[36] mas essa mudança foi parte do motivo pelo qual as tribos germânicas do fim da era imperial eram mais perigosas do que as dos séculos anteriores.

Como escreveu o historiador Peter Heather: "O aumento vertiginoso da população, o desenvolvimento econômico e a

---

[35] E, como sempre, os especialistas têm opiniões divergentes sobre a importância disso.

[36] As tribos germânicas nas fronteiras com Roma estavam ficando muito mais ricas do que as do interior devido ao comércio e à interação direta com o estado romano. Isso criou desigualdades e pode ter levado os povos mais pobres a invadirem os mais ricos, contribuindo para a instabilidade na região.

reestruturação política dos séculos I, II e III d.C. não poderiam deixar de tornar a Germânia do século IV uma ameaça potencial muito maior ao domínio romano estratégico da Europa do que seus antepassados do século I d.C." Ele também aponta que essa ameaça maior era menos estável do que havia sido: "É importante lembrar também que a sociedade germânica ainda não havia encontrado seu equilíbrio. O cinturão de reinos clientes se estendia por apenas cerca de cem quilômetros além das fronteiras do Reno e do Danúbio: isso deixava muito da Germânia excluída das campanhas regulares que mantinham as regiões fronteiriças mais ou menos na linha. O equilíbrio de poder na fronteira era, portanto, vulnerável a algo muito mais perigoso do que à eventual ambição excessiva dos reis clientes. Um poderoso choque exógeno havia sido causado pelo Império Sassânida da Pérsia no século anterior — será que o mundo germânico além do cinturão de reinos clientes controlados de perto representava uma ameaça semelhante?"

Talvez.

Acredita-se que o período muitas vezes citado como o de crise nas relações romano-germânicas e a posterior dissolução do Império Romano do Ocidente tenham sido desencadeados pela chegada de um povo à história em 376 d.C. — o ano em que os hunos, ferozes e ainda um tanto misteriosos, irromperam como uma tempestade na Europa.

É difícil dizer o que de fato aconteceu nas profundezas do interior "bárbaro", onde grandes guerras podem ter sido travadas entre tribos e confederações, sem que ninguém jamais tenha aprendido sobre elas porque não foram registradas. A história tradicional — que teve origem nas fontes antigas, e foi adotada como verdade absoluta pela maioria até recentemente — era que os hunos, uma tribo feroz de povos cavaleiros nômades, haviam invadido o lado europeu da Eurásia e estavam expulsando todos diante deles. Tribos inteiras estariam fugindo em desespero absoluto e se chocando umas com as outras em uma reação em cadeia.

Diziam que os ostrogodos fugiram dos hunos em pânico para o oeste, onde colidiram com os visigodos. Juntas, essas tribos germânicas foram obrigadas a irem em direção à fronteira danubiana de Roma, onde imploraram passagem, criando uma crise humanitária.

Algumas teorias mais modernas, no entanto, sugerem que os hunos talvez não estivessem envolvidos em uma vasta ofensiva militar, mas que muitos ataques e invasões em pequena escala tornaram os antigos lares dos povos góticos inseguros.

Independentemente das razões, o imperador romano no Oriente se viu diante de uma situação difícil.[37] Porém, uma crise também pode ser uma oportunidade, e o imperador Valente (r. 364-378 d.C.), que pode não ter tido muitas opções nessa situação, pelo menos viu uma vantagem em potencial ao absorver soldados visigodos tenazes em seus exércitos. Ele concordou que as tribos cruzassem a fronteira do rio Danúbio e se estabelecessem dentro da suposta segurança das fronteiras do império, caso abrissem mão de suas armas. Não era um pedido absurdo — ter mais de cem mil membros de uma tribo germânica armados dentro de suas fronteiras não deixa de ter seus perigos potenciais.[38]

Os refugiados esperavam a salvação; em vez disso, como escreve o historiador Arther Ferrill, "no final de 376 — no auge do inverno —, começaram a travessia do rio. Os visigodos, com cerca de duzentas mil pessoas, estavam famintos, e as autoridades romanas, insensíveis, exploravam todos impiedosamente. Para

---

[37] Durante esse período, Roma tinha dois imperadores, um no oeste (ou outra capital ocidental) e outro no leste, em Constantinopla.

[38] Os números exatos são totalmente desconhecidos, e há muita especulação. "Mais de cem mil" para abarcar dois grandes grupos góticos de famílias inteiras parece uma aposta segura. Mas encontramos estimativas mais altas e mais baixas.

não morrerem de fome, os visigodos vendiam seus filhos como escravos em troca de carne de cachorro, um filho por um cão."

Talvez nem todos os romanos tenham tratado os recém-chegados com tanta crueldade, mas, como Ferrill observa, "a travessia do Danúbio não foi bem administrada." É um eufemismo para descrever o equivalente a despejar gasolina em uma situação em que o pânico e o desespero com os ataques dos hunos já haviam tornado-a explosiva.

Mesmo abatidos, desorganizados, passando frio e fome, os visigodos ainda eram um povo formidável e forte. Logo a situação explodiu, e os guerreiros se enfureceram, começando a tomar o que precisavam da região pelos próximos 18 meses, no que ficou conhecida como a Guerra Gótica (376-382 d.C.).[39]

Até os romanos e os godos travarem uma verdadeira batalha já era 378 d.C., e o imperador romano oriental estava à frente de um exército onde hoje fica a Turquia. Ele foi obrigado a negociar a paz com seus odiados inimigos, os persas sassânidos, para liberar o exército, mas os ataques deixaram a população revoltada; em uma época em que os imperadores podiam ir e vir muito rápido, um que permitia que o problema gótico se arrastasse por tanto tempo poderia muito bem acabar tendo que enfrentar seu próprio povo em rebelião em vez dos bárbaros.

Embora seja natural pensar nesses "godos"[40] como "germânicos", é difícil saber quem eram realmente. As tribos iam absorvendo umas às outras havia tanto tempo desde que deixaram sua terra natal escandinava,[41] e neste momento residiam em tantas áreas povoadas por não germânicos que esses tais "godos" devem ter sido uma mistura de etnias. Provavelmente, preservaram

---

[39] Uma das várias "guerras góticas".

[40] Como já abordei, os romanos costumavam usar nomes tribais específicos para cada um desses povos, em vez do termo "gótico", genérico.

[41] Se é que isso é verdade.

elementos essenciais que os mantinham unidos, como a língua e os mitos comuns, e muitos deles se encaixavam nos estereótipos físicos germânicos tradicionais. Mas, como outras tribos germânicas que se mudaram para regiões não germânicas, acolheram aventureiros, escravos libertos, hunos, eslavos, guerreiros alanos e até cidadãos romanos descontentes. Essa é a força "gótica" heterogênea que se uniu contra os romanos na Batalha de Adrianópolis em 378 d.C.[42]

Muitos acreditam que Adrianópolis foi palco de uma das batalhas mais importantes da história. *Se* isso for verdade, é apenas por causa do resultado. Se os romanos tivessem vencido, a batalha seria apenas mais um triunfo sobre os bárbaros. Mas eles não ganharam, Adrianópolis foi um desastre (para eles), e isso tornou o enfrentamento importantíssimo.

O exército romano da época podia ser apenas uma sombra de seu antigo eu,[43] mas não deixava de ser eficaz, ainda mais contra os povos tribais. Mas vários erros de comando, inteligência e diplomacia colocaram as tropas em uma situação ruim e fizeram com que houvesse menos homens na batalha do que poderia haver se as coisas tivessem mais bem planejadas. Os soldados romanos chegaram ao campo de batalha cansados após uma marcha de 13 quilômetros em terreno acidentado. Fazia muito calor e, para piorar as coisas, os godos atearam fogo na grama ao redor.

Quando chegaram, as tropas encontraram um enorme círculo de carroças em uma colina, que os godos haviam organizado como uma estrutura defensiva. Dentro dessa fortificação improvisada, estavam os guerreiros góticos e suas famílias.

---

[42] Fundada pelo imperador Adriano, Adrianópolis ficava onde hoje está a cidade de Edirne, no noroeste da Turquia, perto da fronteira com a Grécia.

[43] Isso é mais verdade em termos de quantidade do que de qualidade. As tropas ainda eram boas, mas os exércitos estavam ficando menores e mais difíceis de recrutar. J. E. Lendon, historiador, afirmou que os exércitos romanos do século IV eram "pequenos, caros e frágeis".

A batalha parece ter começado de maneira espontânea quando algumas unidades romanas começaram a avançar para o círculo de carroças sem terem recebido ordens. Inicialmente, parecia uma vitória típica, com os inimigos sendo empurrados para trás, o círculo de carroças prestes a ser invadidos.

E então o desastre aconteceu.

A cavalaria gótica,[44] que não estava presente quando a batalha começara, retornou no auge da batalha, atacando o flanco esquerdo romano já ocupado "como um raio perto das montanhas".[45] Esse flanco romano foi esmagado, as tropas no centro ficaram tão amontoadas que passaram a ser atrapalhadas pelos próprios escudos, armas e seus companheiros, e depois do que parece ter sido uma grande resistência, as forças góticas venceram. Fontes antigas afirmam que dois terços da força romana morreram — provavelmente entre 15 e 20 mil homens,[46] em uma época em que levantar um exército de 15 mil era um grande feito. O imperador Valente foi morto em algum ponto do campo de batalha ou em seus arredores. (Seu corpo nunca foi encontrado.)

A Batalha de Adrianópolis não foi grande pelos padrões de Roma em seu auge, mas, nesse ponto de sua história, as perdas foram extremamente difíceis de compensar. Os cidadãos da época havia muito tempo tinham soldados profissionais lutando por eles e não podiam simplesmente ser recrutados e enviados para enfrentarem guerreiros selvagens e experientes. O dinheiro para

---

[44] Mais uma vez, diz-se que os números dos godos aumentaram muito, e alguns dos novos amigos com quem eles viajaram eram hunos e alanos, ambos povos com uma cavalaria forte. Os alanos eram uma tribo nômade das estepes que parece ter adquirido algumas características germânicas ao longo do tempo.

[45] A maior parte dessas informações, juntamente com a citação, vem do historiador romano Amiano Marcelino.

[46] Peter Heather acredita que a batalha foi menor, e as baixas romanas foram de cerca de dez mil homens.

contratar profissionais era pouco e, quando os batalhadores eram contratados, tendiam a ser membros da tribo germânica.

Roger Collins diz o seguinte sobre período pós-Adrianópolis: "Entre os anos 395 e 476, os exércitos romanos praticamente desapareceram das fontes literárias, tanto da metade oriental quanto da ocidental do império". Ele ressalta que, embora ainda houvesse muita atividade militar, ela envolvia tropas aliadas mercenárias e bárbaras, não romanas. Depois de Adrianópolis, as coisas só pioraram para o império. Os romanos foram atormentados por inúmeros problemas, entre os quais, os principais podem ter sido as disputas de poder entre os aspirantes a imperador ocidental. Também enfrentavam mazelas sociais, problemas de base tributária e no recrutamento militar e uma série de outras questões. Poderiam ter sobrevivido a tudo isso em tempos menos perigosos. Mas a chegada dos hunos e a decorrente agitação de muitos povos germânicos parecem ter tido o mesmo efeito geopolítico de cutucar o formigueiro. O número de tribos que causavam problemas para os romanos depois da batalha —vândalos, alamanos, burgúndios, lombardos, visigodos, ostrogodos, frísios, saxões, francos, entre outras — era enorme. E sua força aumentou com a adição de escravos romanos, "descontentes e caçadores de fortunas". Amiano Marcelino escreveu que os números também foram aumentados por mineiros que escaparam das duras condições de trabalho nas minas de ouro do Estado e por pessoas oprimidas pelos impostos imperiais pesados. Portanto, o descontentamento social dentro do Império Romano pode ter se fundido e encontrado uma válvula de escape nos bárbaros.[47] Pode chamar de Lei de Murphy ou apenas o fim de uma série de vitórias de séculos, mas os problemas

---

[47] Não podemos deixar de lembrar dos escravos do sul dos Estados Unidos que muitas vezes fugiam para tribos nativas como os seminoles e o cheroquis, e se tornavam membros delas.

enfrentados no século V por Roma eram monumentais e surgiram em uma época em que seus exércitos estavam muito mais fracos do que antes e sua liderança era de um calibre muito mais baixo.

Uma maneira de reduzir os inúmeros problemas que enfrentavam era continuar a prática de fazer contratos/tratados com as tribos. Foi o que os romanos acabaram fazendo com as tribos que enfrentaram em Adrianópolis. Porém, era cada vez mais frequente que os acordos envolvessem o assentamento dos povos tribais em terras romanas e a manutenção de uma identidade política separada enquanto defendiam o território de Roma.

Alguns descreveram essa prática como uma espécie de relacionamento feudalista que se tornaria característico da Idade Média. Em 418, por exemplo, o imperador Honório assentou os godos na Aquitânia. Em 435, o imperador Valentiniano III cedeu terras romanas no norte da África à tribo dos vândalos. Os visigodos foram abrigados na Espanha e os francos em grande parte da França moderna. Sem perceber, os romanos por trás dessas decisões estavam repartindo o império para os povos que um dia governariam essas regiões quando a autoridade central se desfizesse — criando, na prática, seus próprios Estados sucessores. Como escreve o Roger Collins: "O que é realmente impressionante... é a natureza casual e quase acidental do processo. A partir de 410, um após o outro os regimes imperiais ocidentais cederam ou perderam a autoridade prática sobre trechos cada vez maiores do antigo império. O ocidental foi delegando suas partes até deixar de existir."

A autoridade central no Ocidente desmoronou ao longo do século V. Os visigodos — a quem o império de Roma havia permitido a entrada e que havia o derrotado em Adrianópolis — acabaram roubando a metrópole em 410. Foi o primeiro saque da Cidade Eterna por estrangeiros desde outro povo tribal, provavelmente os celtas, oitocentos anos antes.

Mas, ao contrário da cidade assíria de Nínive, que permaneceu destruída, Roma ainda se reergueu algumas vezes. Sobreviveu ao saque de 410 apenas para sofrer outro em 455 — dessa vez muito mais brutal, segundo as fontes — pelos vândalos germânicos. Foi um líder militar germânico dos *foederati* romanos[48] que, em 476, dispensou o último imperador do Império Romano do Ocidente.

É nesse ponto que as velhas histórias diriam que a "Idade das Trevas" começou nas áreas onde a maré civilizacional romana começou a recuar. Isso foi mais verdadeiro em algumas áreas do que outras. A Itália, por exemplo, foi menos afetada e parece ter se recuperado mais rápido do que as áreas mais periféricas. Entretanto, as regiões ao norte, que incluíam grande parte do antigo império ocidental, estavam em velocidade de impulso.[49] Elementos da Igreja Católica (como mosteiros), grupos locais, senhores da guerra ou reis menores tentaram suavizar a transição o máximo possível, mas não demorou muito para que alguns dos lugares, que antes negociavam com moedas com a imagem de um imperador romano, voltassem a uma economia de escambo.

Será que a decadência e o declínio da infraestrutura e a substituição da moeda pelo escambo são mesmo um sinal de que a civilização está retrocedendo? Ou são nossos preconceitos modernos?

O antropólogo Peter Wells escreve sobre uma "continuidade de ocupação" em várias grandes cidades que fizeram parte do Império Romano do Ocidente até a Idade Média. Ele diz que várias urbes, inclusive Roma, parecem não ter diminuído de tamanho nem de população, "embora as tradições romanas na arquitetura, na construção de estradas e na manutenção de aquedutos e esgotos tenham de fato cessado com o fim da administração romana oficial."

---

[48] Odoacro.
[49] Para os fãs de *Star Trek*. No "gerador" ou "energia reserva" para todos os outros.

Wells nos adverte contra a suposição automática de que as tradições romanas eram superiores às culturais locais. Ele cita o exemplo da cidade romana onde hoje fica Londres. No final do século I d.C., era um "centro impressionante do Império Romano no extremo norte, com arquitetura monumental, um centro comercial próspero e uma base militar característica das maiores cidades". Quando o governo desmoronou, "grande parte do que antes era uma área urbana parece ter retomado o caráter não urbano".

Mas, chamar essas mudanças de declínio, diz ele, é adotar uma atitude romana conservadora em relação à mudança. Wells escreve: "À medida que as evidências se acumulam em Londres, fica mais claro que a cidade não foi abandonada, como pensavam os pesquisadores anteriores. A vida seguiu em frente. Apenas ficou diferente."

Por vários séculos, os Estados tribais germânicos sucessores lutariam entre si, contra e ao lado do Império Romano do Oriente.[50] Com o passar do tempo, um desses estados germânicos sucessores — o dos francos — começou a acumular poder e território a ponto de se destacar, e a Igreja Católica,[51] em busca de proteção militar em um mundo sem o exército romano no Ocidente, começou a formar um relacionamento de apoio mútuo com esse grupo de "bárbaros" tribais, antes tão temidos. (Os alemães ainda chamam a França de *Frankreich* — o império dos francos.)[52]

---

[50] O Império Romano do Oriente, com sua capital em Constantinopla (que antes era chamada de Bizâncio), é chamado pelos historiadores de Império Bizantino quando se fala do período posterior à queda do império ocidental. Mas os habitantes sempre se referiram a si mesmos como "romanos".

[51] Também chamada às vezes de Igreja Católica Ocidental ou Igreja Católica Latina.

[52] E o nome francês da Alemanha é *Allemagne*, por conta da tribo dos alamanos mencionada neste livro.

Os francos haviam sido um dos muitos grupos tribais a receberem o status de *foederati* pelos romanos; assim, tornaram-se a autoridade política em sua região quando Roma se fragmentou no Ocidente. Havia na verdade vários ramos dos francos — centralizados na França moderna e ao oeste da Alemanha —, mas acabaram ficando sob o domínio de um rei, Clovis I (c. 466-511 d.C.). Este parece ter sido uma mistura de senhor da guerra viking, mafioso e líder de uma gangue de motociclistas. As fontes o pintam como um sujeito que aponta algo curioso no chão e, quando a outra pessoa se curva para olhar, ele abre a sua cabeça com um machado de batalha.[53]

Em um evento político de grande importância, Clovis se converteu do paganismo ao cristianismo em 496.[54] Essa crescente potência europeia dos francos era, sob muitos aspectos, aliada da Igreja Ocidental. Segundo a história tradicional, a igreja abrandou esses francos, ajudando-os em poucas gerações a fazer a transição de bárbaros violentos para cristãos medievais devotos. Mas também se pode dizer que os francos trouxeram algo ao cristianismo ocidental — mais força muscular com um toque bárbaro, talvez.

Qualquer que seja a verdade, tanto os francos quanto a igreja prosperaram com o relacionamento, e Clovis — considerado o primeiro rei do que acabou se tornando a França — marca o início da dinastia merovíngia. A ela se seguiu a dos carolíngios, que, sob alguns governantes fundamentais e fazendo uso de extrema violência, conseguiu unir um grande pedaço de território, muito do que era anteriormente parte do Império Romano ocidental. A figura entre os carolíngios que mudou tudo foi Carlos I (conhecido

---

[53] Há muitas histórias boas sobre Clovis nos livros de história. Sua reputação melhorou após sua conversão, mas parece que ele era impetuoso.

[54] Ao que parece, em grande parte, devido à influência de sua esposa, Clotilde, santificada pela igreja por suas ações.

como "o Grande"), ou Charlemagne (Carlos Magno).⁵⁵ Seu governo como rei dos francos duraria 46 anos, sendo, assim, chamado de "o pai da Europa".

Como figura histórica, Carlos Magno parece uma síntese maravilhosa do estereótipo bárbaro germânico da "Idade das Trevas" e do de governante cristão devoto da Idade Média. Era inteligente, porém analfabeto, mas as fontes afirmam que ele desejava muito aprender a ler e sempre tentava. Era imponente em comparação com seus contemporâneos, tinha cabelos claros e ostentava o bigode germânico clássico que os romanos viam como um adorno bárbaro.⁵⁶ Em 768, Carlos Magno foi coroado rei dos francos e começou uma longa campanha de anexação de territórios ao seu domínio já vasto. Por volta de 800, o reino franco controlava o que é hoje a França, a Bélgica, a Holanda, a Suíça, a Itália até o sul de Roma, a maior parte da Alemanha e a Áustria. Pela primeira vez desde a queda de Roma no Ocidente, três séculos antes, grande parte de seu antigo território estava unido sob um único monarca.

No Natal de 800, algo estranho aconteceu com Carlos Magno e o papa em Roma na frente de muitas pessoas. O ocorrido é um dos grandes momentos da história, mas há muita coisa sobre esse dia que não está clara, e teve um enorme impacto nos eventos

---

⁵⁵ Charlemagne é a versão gaulesa/francesa de seu nome. Na versão alemã, ele é "Karl der Grosse". Sua língua nativa era o alemão antigo. A questão sobre qual versão do nome deve ser usada provocou polêmicas no passado, e alguns acham que há conotações políticas na Europa em relação a essa escolha ainda hoje.

⁵⁶ Ele estaria um pouco acima da altura média de hoje, mas, no século VII, ele era bem mais alto que a maioria de seus súditos. Seus ossos parecem mostrar um homem com cerca de 1,80 metro e com cerca de oitenta quilos. Esse tamanho era quinze centímetros acima do homem médio de seus dias. E este peso pode parecer magro, mas Carlos Magno morreu velho e podia já estar definhando (a estimativa habitual é entre 65 a 72 anos, mas a idade exata ainda é debatida).

subsequentes. Supostamente, Carlos Magno foi orar na Basílica de São Pedro e, enquanto estava ajoelhado no altar, o papa pôs uma coroa em sua cabeça e o proclamou *Imperator Romanorum*.[57] Os historiadores debatem se devemos acreditar na alegação de que Carlos Magno não sabia que o papa pretendia fazer isso. Mas, de repente, a Europa teve seu primeiro imperador desde que o Império Romano do ocidente desmoronara.[58]

Esse gesto teve muitos desdobramentos, e a maioria tinha como alvo os bizantinos no Oriente (a parte do "Império Romano" que tinha continuado a existir... mas se deveria ser permitido que eles reivindicassem tal título era parte do problema). As questões de gestão de marca e marketing relacionadas a esse novo império são fascinantes.[59]

Como escreve o historiador Alessandro Barbero: "No geral, o simbolismo do poder adotado pelos carolíngios após 800 tinha o império de Roma como referência. O próprio Carlos havia se retratado em moedas com a coroa de louros e a capa roxa, e seu selo exibia as palavras que permaneceriam um slogan político extraordinariamente eficaz por séculos: "*renovatio Romani*

---

[57] "Imperador dos romanos". Esse ato do Papa Leão III abriu uma caixa de Pandora que atormentaria a Europa por séculos. A hierarquia entre igreja e Estado, por exemplo. Se o papa tinha coroado o imperador, isso significa que era o papa quem o escolhia? Quem é superior nesse simbolismo? Muitas pessoas morreram por causa dessas questões. Carlos Magno alterou seus títulos para: "augusto e sereníssimo, coroado por Deus, pacífico imperador dos romanos e, pela misericórdia de Deus, rei dos francos e dos lombardos".

[58] Aliás, segundo a interpretação da igreja ocidental, o recém-coroado Carlos era o único "imperador romano". Naquela época, uma imperatriz tomara o poder em Constantinopla, o que para eles era considerado um ilegítimo *femineum imperium* ("o reinado de uma mulher"). Portanto, a instituição aproveitou a oportunidade para nomear não apenas um novo imperador para si, mas *o* novo imperador para *todos*.

[59] Muitos estudiosos acham que essa "gestão de marca" foi parte de um esforço para encontrar uma espécie de cola ideológica que pudesse unir todos os diferentes povos sob o domínio do império, assim como Roma fizera.

imperii."⁶⁰ Se você fizesse parte do povo que ainda se intitulava "o Império Romano", em Bizâncio/Constantinopla, isso devia ser bem irritante.

Mas, de certa forma, esse novo império estava de fato renovando alguns elementos do que Roma havia sido. Esse período, às vezes chamado de Renascença Carolíngia, é um exemplo de governo mais centralizado no Ocidente que, se não restabeleceu todo o poder civilizacional, organizacional e burocrático do auge de Roma, pelo menos, significou um auge depois dos baixos da "Idade das Trevas". Os níveis de alfabetização⁶¹ melhoraram, a arquitetura tornou-se mais elaborada, a riqueza aumentou e a escrita se tornou importante de novo. Houve um esforço no sentido de recuperar o conhecimento perdido da Antiguidade e de produzir cópias de obras para preservar o passado.

No entanto, há certa ironia histórica — ou talvez seja karma — nesse "Império Romano renovado",⁶² dirigido, por assim dizer, por descendentes das tribos germânicas que ajudaram a acabar com o domínio romano no ocidente. Esses novos imperadores sofreram com um dos mesmos problemas que os romanos ocidentais enfrentaram enquanto ainda governavam na Itália: as tribos germânicas ferozes. Inclusive, podem muito bem ter sido as *mesmas* tribos.

---

⁶⁰ Traduzido como "renovação", "reforma" ou "atualização" do Império Romano.

⁶¹ Roger Collins diz que o objetivo de Carlos Magno era que sua classe "alfabetizada" e educada possuísse o equivalente a uma educação primária da era romana. Mas ele afirma que, antes de criticarmos, devemos nos lembrar da "base a partir da qual começaram". Era mais uma questão de educar as pessoas para cargos no clero do que de educar leigos.

⁶² Que se transformará no "Sacro Império Romano" da Europa Central, do qual Voltaire disse: "Essa organização que se denominou e que ainda se denomina Sacro Império Romano não era de forma alguma sacra, nem romana, nem império".

É quase como se nada tivesse mudado. Na Britânia romana, por exemplo, o Império Romano protegeu a ilha das invasões marítimas dos saxões germânicos. O lendário rei Arthur, supostamente, lutou contra esses mesmos inimigos depois que Roma partiu, e então, trezentos anos depois, Carlos Magno ainda estava lutando contra os saxões pagãos.[63] Foi ele quem os derrotou de maneira definitiva, mas foi um conflito brutal de vinte anos, que lembra muito a época em que Varo e suas legiões eram dizimados nas florestas alemãs.

Alessandro Barbero escreve: "Foi uma guerra feroz em um país com pouca ou nenhuma civilização, sem estradas nem cidades, e totalmente coberto de florestas e pântanos. Os saxões sacrificavam prisioneiros de guerra a seus deuses, como os germanos sempre fizeram antes de se converterem ao cristianismo, e os francos não hesitavam em matar qualquer um que se recusasse a ser batizado."

A religião permeava o conflito. Os saxões pagãos eram famosos por matarem aqueles que tentavam catequizá-los, mas a conversão das tribos fazia parte das condições da vitória.[64] É um exemplo perfeito da diferença entre a visão de "defender a igreja com a espada" e, como Roger Collins define "a evangelização armada". De qualquer maneira, é difícil manter a fé limpa durante um conflito religioso tão brutal.

Segundo Barbero, São Lebuino — que dizem ter dedicado sua vida à conversão das tribos pagãs germânicas — deu um aviso agourento aos saxões sobre Carlos Magno: "Se não aceitarem a crença em Deus, um rei em um país próximo vai invadir sua terra, conquistá-la e destruí-la."

---

[63] Eram o mesmo povo? Boa pergunta.

[64] É difícil definir o que são razões religiosas legítimas para atingir objetivos e o que poderiam ser motivações políticas. Se os saxões cristianizados causavam menos problemas ao império do que os pagãos, isso pode explicar por que a luta tinha esse aspecto de "conversão ou morte".

Os saxões, aparentemente, ignoraram o aviso, continuaram a matar o clero que tentava convertê-los e nunca cessaram suas pequenas invasões na fronteira. Carlos Magno participou de várias campanhas contra eles até que, finalmente, conseguiu derrubar a árvore sagrada que veneravam e acreditavam conter o universo,[65] decapitando 4.500 deles em Verden em 782. Assim como os imperadores romanos que o precederam, Carlos Magno descobriu que sempre haveria bárbaros mais ferozes por trás dos que ele havia acabado de subjugar. Nesse caso, além (e ao norte) dos saxões estavam os dinamarqueses. E a era dos grandes ataques vikings provenientes da Dinamarca, da Suécia e da Noruega estava apenas começando.

Há uma história apócrifa relatando que Carlos Magno chegou a ver vikings perto do fim de seu reinado. Eles ainda não eram o grande problema que seriam dali a algumas décadas, mas a narrativa é contada como uma espécie de premonição. Um monge chamado Notker escreveu por volta de 887 (Carlos Magno morreu em 814) que o imperador visitava a costa do que hoje é a França e viu um navio viking solitário. Afrontado por sua ousadia e com lágrimas nos olhos, Carlos Magno teria visto o futuro — isto é, que não demoraria muito para que aquele povo se tornasse um pesadelo.

Embora a aventura pareça uma previsão posterior ao fato, há um aspecto que faz algum sentido — se alguém poderia entender o perigo representado por "bárbaros" guerreiros do norte gelado, seria um imperador romano. Esperava-se que *esse*, em especial, soubesse disso melhor do que a maioria; afinal, ele era um rei guerreiro alto, de cabelos claros, bigode e olhos azuis, que falava alemão. E era um homem que lutava contra as tribos alemãs

---

[65] A Árvore do Mundo, também conhecida como Irminsul, na Floresta de Teutoburgo era o centro do culto.

"pagãs" muito antes de se tornar o primeiro imperador romano a governar o Ocidente em trezentos anos.

Na história, o que vai, volta. Carlos Magno, talvez, soubesse disso.

Capítulo 6

UM PRÓLOGO PANDÊMICO?

A VIDA HOJE É muito mais segura do que antigamente. Antes de meados do século XVIII, o ambiente em que os humanos viviam era incrivelmente letal.[1] Uma das coisas que torna nossa vida moderna tão diferente da de quase todas as gerações passadas é que a ameaça de morte — principalmente, a morte prematura — decorrente de alguma doença é muito menor. Só o fato de habitarmos uma época em que não esperamos perder vários de nossos filhos na infância nos torna uma anomalia histórica. Será que isso nos faz diferentes? De que maneira? As enfermidades e epidemias cotidianas que as pessoas enfrentaram no passado, incluindo as pragas sofridas, estão além da nossa compreensão. Imagine todos os desdobramentos caso nosso mundo moderno fosse assolado por uma pandemia que matasse 10% da população. Não chegaria aos pés das pragas anteriores, mas, considerando o número de pessoas no mundo de hoje, isso significaria 700 milhões de mortes em um curto espaço de tempo. Uma em cada

---

[1] Essa data se aplica apenas às sociedades com medicina moderna. Nas áreas menos desenvolvidas, o progresso médico chegou mais tarde.

dez pessoas. Cerca de dez vezes mais perdas que as da Segunda Guerra Mundial. Que resultado isso teria?

No entanto, nenhuma praga atual nos faria entender como era a vida de nossos antepassados, porque nós, seres humanos modernos, compreendemos a ciência básica por trás de tudo isso, ao contrário deles. É fácil minimizar o efeito que isso tem, mas, durante a maior parte da história, ninguém entendia doenças ou germes; portanto, o mal recebia diversas explicações. Mais uma vez, é fácil afirmar que os prejuízos causados por doenças ao longo dos tempos, combinados com a falta de conhecimento, devem ter afetado muito as sociedades. É muito mais difícil, porém, determinar de que maneiras e em que grau isso ocorreu. É possível, talvez até provável, que os habitantes dos tempos em que essas taxas de mortalidade eram tão altas estivessem mais emocionalmente preparados do que nós estaríamos em seu lugar. Mas o significado disso está na mesma área não quantificável de coisas como ser uma pessoa mais forte e os efeitos dos métodos de criação dos nossos filhos.

A doença sempre existiu na história da humanidade; desde que começaram a registrar os acontecimentos, os indivíduos relatam epidemias e pragas. Muitas vezes, é difícil determinar a partir das descrições antigas quais eram as enfermidades, mas algumas mais específicas foram identificadas. Em seu livro *Justinian's Flea*, William Rosen fala sobre as pragas terríveis que nossos antepassados tiveram que enfrentar.[2] No início do século V a.C., médicos gregos já diagnosticavam surtos de tétano, caxumba e, talvez, até malária. Todas as três eram muito piores naquela época do que hoje — muitas das doenças que são comuns na infância hoje em dia já foram fatais antes do advento das vacinas e dos medicamentos modernos.

---

[2] Essas são só as de que ainda temos registro. A maioria desses acontecimentos antigos não tem nada documentando o que ocorreu.

Tucídides, historiador da Antiguidade, foi testemunha ocular da terrível Peste de Atenas, que começou em 430 a.C. durante a Guerra do Peloponeso, quando a cidade foi sitiada por Esparta. Cem mil pessoas morreram nos três anos seguintes — cerca de um quarto da população, de acordo com Robert J. Littman. Dentre os mortos estavam Péricles, general e estadista, um dos maiores atenienses que já viveram.[3] Muito se debateu sobre que praga seria essa, e a descoberta de um túmulo coletivo em 2006 revelou que o culpado mais provável seria a febre tifoide.

A Bíblia, Rosen observa, lista diversas doenças, inclusive, é claro, as pragas de sangue, furúnculos e gafanhotos que caíram sobre o faraó. O Livro das Lamentações, ao descrever o cerco a Jerusalém por Nabucodonosor no século VI a.C., descreve a "pele escurecida"[4] característica do escorbuto.[5] Alguns outros destaques:

- Em 396 a.C., o exército cartaginês foi "atingido por uma praga que trazia disenteria, pústulas na pele e outros sintomas".
- Durante o século I d.C., a malária e a peste bubônica infectaram os cidadãos de Roma.
- O ano de 165 d.C. marcou o início da Peste antonina, que foi trazida para o Mediterrâneo da Mesopotâmia pelos legionários de Marco Aurélio e durou quinze anos. Acredita-se que tenha sido um surto de varíola.

---

[3] Péricles perdeu dois filhos na mesma epidemia, e dizem que ficou abatido. Quem não estaria?

[4] Por conta das hemorragias sob a pele que ocorrem nos estágios finais da doença.

[5] Quando, presumivelmente, passaram meses sem acesso a frutas ou vegetais frescos, que são uma fonte fácil de vitamina C.

- De 251 a 266 d.C., a Praga de Cipriano surgiu; o consenso diz que a doença em questão era o sarampo.[6]

Sem dúvida esses casos representaram picos de mortalidade, mas as pessoas do mundo pré-moderno viviam com o que consideraríamos níveis extremos de mortes por doença. Se nós, modernos, passássemos um ano convivendo com mortes na mesma escala que nossos ancestrais da era pré-industrial, entraríamos em choque social. Suas vidas repletas de enfermidades e mortes talvez lhes proporcionassem um aumento da imunidade emocional ou cultural.[7] De tempos em tempos, porém, as catástrofes eram grandes o suficiente para derrubar até aqueles com as constituições psicológicas mais resistentes. Em 541 d.C., veio a primeira pandemia real do mundo, e muitos morreram.

Já se acreditou que a praga de Justiniano, como os historiadores a nomearam, foi responsável por ter matado 100 milhões de pessoas.[8] Essa estimativa é considerada alta demais, mas dá uma ideia de sua relevância. Foi a precursora da Peste Negra da Idade Média e teve a mesma causa — o bacilo da peste, *Yersinia pestis*, espalhado pelas pulgas que infestavam os ratos. A morte era agonizante.

William Rosen descreve os efeitos sobre Constantinopla quando o surto atingiu a cidade com força total: "Todos os dias, um, dois, às vezes cinco mil dos moradores da cidade — um em cem da população original — eram infectados. A febre moderada do primeiro dia é seguida por uma semana de delírios. Bubões apareciam nas axilas, na virilha, atrás das orelhas e alcançavam o

---

[6] William Rosen observa que as doenças modernas da infância evoluíram a partir de "versões muito mais perigosas" que mataram "centenas de milhares, talvez até milhões".

[7] Esse foi um dos papéis valiosos que a religião desempenhou na vida das pessoas dessas culturas.

[8] Em um mundo com uma fração da nossa população atual.

tamanho de melões. Edemas de sangue se infiltravam nas terminações nervosas das glândulas linfáticas inchadas, causando uma dor insuportável. Às vezes, os bubões estouravam em uma chuva de leucócitos fétidos — ou seja, pus. Em algumas ocasiões, a peste se tornava o que um epidemiologista moderno descreveria como 'septicêmica'; essas vítimas morreriam vomitando sangue."

Rosen diz ainda que esses eram os que tiveram sorte, porque "pelo menos tiveram uma morte rápida".[9] Em épocas anteriores ou em outros lugares, uma epidemia tão mortal costumava se exaurir porque os infectados morriam antes que pudessem ir para muito longe, o que retardava a propagação da doença. Mas a pandemia de 541 d.C. atingiu navios partindo do grande porto egípcio de Alexandria, e isso permitiu que a praga chegasse a novos ancoradouros antes que pudesse exterminar a tripulação inteira; nos casos em que a tripulação morria antes da chegada, o contágio continuava por meio do que, de fato, se tornava um navio-fantasma.

A enfermidade se espalhou muito, mas detalhes sobre o contágio só estão disponíveis em uma pequena porcentagem das áreas afetadas. Constantinopla é uma delas. De acordo com Nick Bostrom e Milan Ćirković, editores de *Global Catastrophic Risk*, 40% da população daquele grande centro urbano foi dizimada. E Rosen observa que, com as outras áreas, mais de 25 milhões de pessoas — talvez até metade da população do mundo conhecido na época — morreram no período de um ano. A praga atormentaria a Europa por dois séculos ou mais... e, por volta de 750 d.C., pareceria ter quase desaparecido.

Quando voltou, na década de 1340, tinha um novo nome: Peste Negra. Oitocentos anos depois da praga de Justiniano, a doença terrível retornou ao mundo ocidental. Acredita-se que tenha começado uma década antes na Ásia — há relatos de cidades

---

[9] Segundo o historiador, "a peste bubônica mata apenas entre quatro e sete a cada dez vítimas, enquanto a peste septicêmica é mortal praticamente 100% das vezes".

chinesas quase sendo extintas, com uma taxa de mortalidade de 90% em alguns lugares.

Nada parecido jamais atingira a humanidade, e a Peste Negra superou até a praga anterior. Uma das possíveis explicações para o grande número de baixas pode ter tido a ver com os níveis críticos da população. Além disso, meios de transporte mais eficazes também facilitavam a interação das sociedades — fatores que não contribuíram apenas com a propagação do mal, mas também com sua persistência. Este é um elemento fundamental para o nível de mortalidade de uma doença, porque se uma praga mata todos os habitantes de uma vila, ela, em geral, é erradicada junto com suas vítimas. Mas seus efeitos foram muito mais amplos porque a Peste Negra continuava voltando, graças ao número de pessoas no planeta e ao quanto elas viajavam.

Os primeiros relatos descrevem navios vindos do leste surgindo nos portos ocidentais com tripulações mortas ou moribundas devido a algum mal desconhecido. Os possíveis sobreviventes descarregavam o navio, interagindo então com pessoas desavisadas no cais e na cidade — e assim, a peste se espalhava.

Logo a Europa estava enfrentando taxas de mortalidade semelhantes às que haviam atingido os chineses. Cidades inteiras sumiram do mapa. Fotos aéreas hoje mostram os esqueletos dos lugares onde antes da Peste Negra existiam assentamentos. Nas grandes cidades, centenas de cadáveres eram retirados todos os dias, enquanto a nobreza e os mais ricos se refugiavam no campo, na esperança de escapar de algo que não entendiam. Um cronista descreveu a devastação:

Profundas covas foram cavadas, e os mortos, empilhados, uma multidão deles. Morreram às centenas, dia e noite. Assim que essas covas foram fechadas, novas precisaram ser abertas. E eu, Agnolo di Tura, chamado o Gordo, enterrei meus cinco filhos com minhas próprias mãos. Por toda a cidade, havia túmulos tão rasos que os cães desenterraram e devoraram os corpos. Ninguém chorou pelos que faleceram, pois todos aguardavam a própria morte. E tantos morreram que todos acreditaram que era o fim do mundo.

As vítimas da peste não tinham as ferramentas necessárias para entender que estavam lidando com um contágio biomédico. Inclusive, desde tempos imemoriais, as pessoas pensavam que as pragas ocorriam por raiva ou justiça divina; no caso da Peste Negra, muitos acharam que a doença era a vontade de Deus ou uma manifestação do diabo no mundo.

Um espelho distante, livro de Barbara Tuchman, narra como os europeus do século XIV lidaram com os desdobramentos da pandemia. Ela cita um homem John Clyn, de Kilkenny, na Irlanda, que escreveu uma mensagem para o futuro. Acreditando que "o mundo inteiro caiu nas garras do Maligno, deixo aqui pergaminho para que, acaso algum homem sobreviva e alguém da raça de Adão escape desta pestilência, continue o trabalho que comecei". A última frase de seu bilhete foi escrita em outra caligrafia e informava que o irmão John havia sucumbido à doença.

Ler os registros do sofrimento humano nessa época ainda é de partir o coração.

Nosso amigo Agnolo, o Gordo, escreveu: "Pais abandonaram filhos, esposas abandonaram maridos, um irmão abandonou o outro; a doença parecia ser passada pela respiração e pelo olhar. E assim, os abandonados morreram. E não se encontrou ninguém para enterrar os mortos, por dinheiro ou amizade. Os membros de uma família enterraram seus mortos como conseguiram, sem padre, sem rituais."

A essência desse relato é que uma epidemia destrói os próprios laços da sociedade humana. Quando foi a última vez que o mundo desenvolvido experimentou uma queda tão vertiginosa a um inferno microbiano?

E como se pais abandonando os filhos não fosse desestabilizador o suficiente, outras bases de apoio da sociedade foram abaladas pelo medo justificável da peste. A tendência humana natural de procurar companhia e apoio nos vizinhos sofreu um curto-circuito. Ninguém queria pegar aquela coisa que estava assassinando todo mundo. Em uma época em que se reunir era muito mais importante do que em nosso mundo moderno e supostamente conectado, as pessoas mantinham distância umas das outras, levando a uma das tragédias silenciosas dessa praga: ter que sofrer sozinho.

Também a religião — que na Idade Média na Europa formava a concepção de como o universo era ordenado — sofreu um golpe. O medo de acabar nas pilhas cada vez maiores de corpos destruiu a versão da Idade Média de uma "rede de apoio social", o elemento do sistema projetado para lidar com tragédias, perdas e "atos de Deus": ou seja, o clero. A igreja era um dos principais pilares de apoio daquela sociedade, e o clero desempenhava papéis muito importantes, apenas alguns deles religiosos; eram também médicos, advogados e tabeliões. Ocupavam cargos de gerência na sociedade e uma camada intermediária dos estratos sociais medievais. E, é claro, eram indispensáveis para os rituais religiosos, como casamentos e, durante uma praga, os últimos ritos.[10]

Mas o clero também era humano.[11] Em determinado ponto da epidemia, o papa foi obrigado a dar absolvições em massa e permitir que os cidadãos realizassem os últimos ritos uns para os outros porque não havia padres suficientes dispostos a executarem a tarefa e enfrentarem uma provável sentença de morte.

---

[10] Não podemos esquecer que as pessoas eram religiosas e supersticiosas em um nível que a maioria delas hoje, mesmo as mais devotas, pensaria beirar ao fanatismo.

[11] Não só isso, mas muitas dessas pessoas provavelmente se juntaram ao clero para ter uma carreira. Muitos desses homens estavam mais para escribas do que pregadores do Evangelho ou líderes de um rebanho religioso. Não é muito justo julgá-los pelo padrão "sacerdotal" moderno.

No fim, o clero sofreu baixas na mesma proporção que o resto da população, e essas mortes levaram a consequências inesperadas. Para compensar as perdas em seus números, a Igreja, por exemplo, reduziu as idades mínimas para que as pessoas pudessem chegar a uma posição de autoridade. Isso levou jovens mal preparados a ocuparem posições que antes tinham figuras muito mais velhas e augustas.

Antes da epidemia, os membros do clero eram pessoas que tinham dedicado a vida inteira à igreja. Seus substitutos não eram necessariamente tão comprometidos ou educados. A corrupção começou a se infiltrar na organização, ainda mais quando os homens alcançaram posições elevadas devido a subornos, não graças às suas qualificações ou à dedicação ao longo da vida. No decorrer de dois séculos, a reputação do clero piorou, sendo manchada por abusos, excessos e pela falta de um padrão de exigência. Essa insatisfação levou às muitas queixas que Martinho Lutero, teólogo alemão, teria pregado na porta da igreja no castelo Wittenberg em 1517, marcando o início do protestantismo e a ruptura com a Igreja Católica.[12]

Em meio a tantas mortes, o moral da sociedade foi afetado e os pensamentos das pessoas ficaram mais sombrios. Depois de testemunharem a morte de muitos de seus vizinhos e entes queridos, os sobreviventes não acreditavam que viveriam muito tempo. Essa atitude se reflete na arte do período, que é uma janela para a psique desse povo traumatizado. Para início de conversa, a manifestação física da morte, em geral, retratada como um esqueleto, está bastante presente. Quando os doentes começaram a sucumbir à Peste, as pessoas se voltaram para relíquias e orações sagradas, qualquer coisa que acreditassem ser capaz de protegê-las — mas ao ver seus

---

[12] Caso você seja protestante, talvez considere esse desdobramento um efeito positivo da Peste Negra.

entes queridos morrerem mesmo assim, isso abalou suas crenças. Na geração seguinte à Peste Negra no Ocidente, um pessimismo terrível permeava a sociedade. Depois de testemunharem uma tragédia que eliminou, talvez, 75 milhões de pessoas — cerca de metade da população mundial na época —, alguns mergulharam no charlatanismo e misticismo. Muitos outros adotaram uma atitude de "viva para o hoje". Orgias, estupros, roubos e assassinatos ocorreram quando as pessoas começaram a sentir que não tinham nada a perder. Um quarto das pessoas na Inglaterra do século XV não se casaram. É uma estatística incrível para a época.

As pessoas também tentaram encontrar um culpado pela terrível situação em que se encontravam. Na Europa, durante a Idade Média, o bode expiatório foram os judeus. O que aconteceu com a população judaica na época da Peste só não é pior que o horror do Holocausto.[13] Eles foram acusados de envenenarem poços para deixarem as pessoas doentes e, assim, dominarem o mundo cristão. Judeus vítimas da doença também foram responsabilizados por espalhá-la. As pessoas suspeitas de bruxaria ou feitiçaria também se tornaram alvos.

No século XIV, quando a peste bubônica atacou, a população da Inglaterra era de 6 milhões de pessoas, o que muitos especialistas consideram ser o limite da capacidade daquela época. Esse número foi reduzido para 2 milhões em apenas alguns anos. A população só se recuperaria a partir de 1700, mais de trezentos anos depois.

Ocorreram outros surtos da Peste Negra — também chamada de Morte Negra ou *Magna Pestilencia* —, como costumava ser intitulada quando ressurgia depois de alguns anos, e foi como se estivesse retornando para levar as vidas que tinha poupado da

---

[13] Segundo o autor Henrik Svensen, os judeus quase foram dizimados em algumas nações europeias nessa época por causa de sua suposta relação com a Peste.

vez anterior. Isso impediu uma recuperação completa, porque era natural que as pessoas esperassem o pior.

Não é possível saber quantos morreram no total. Embora as estimativas sugiram 75 milhões, inúmeras fazendas, vilas afastadas e até cidades podem não ter sido incluídas na contagem final. Com a população total da Europa Ocidental na época estava em pouco mais de 150 milhões, isso significa que cerca de metade da população da área foi dizimada. (Uma porcentagem semelhante hoje significaria mais de 300 milhões de mortes somente na Europa.)[14]

Os desdobramentos foram muitos. Em nosso mundo moderno — que testemunhou um crescimento exponencial da população a ponto de nossos números estarem ameaçando o ecossistema do planeta — é difícil imaginar um colapso populacional.[15] Mais uma vez, só nas histórias de ficção científica são explorados temas relacionados à natureza tomando de volta a terra modificada pelos seres humanos após todas as pessoas morrerem (como aconteceu em Chernobyl, por exemplo, após o acidente nuclear — a vida e a vegetação selvagem repovoaram o local arrasado). No entanto, era isso o que acontecia nas áreas atingidas pela Peste.

No período anterior ao surto de peste na Europa Ocidental, quase não havia terras disponíveis para novas fazendas. Isso mudou quando muitas pessoas morreram relativamente rápido. Com cerca de 40% da população dizimada, os camponeses que não tinham posses se mudaram para as terras e casas que pertenceram

---

[14] Com base em uma população europeia de 740 milhões.

[15] Muitas populações vêm crescendo em um ritmo constante desde a era da Peste Negra. Curiosamente, porém, os colapsos podem ser quase tão rápidos quanto as explosões populacionais. Se todo casal tiver apenas um filho, uma dada população será reduzida pela metade em uma geração. Isso não é mera conjectura. Na década de 1990, as taxas de natalidade russas passaram a ficar negativas, e outras nações desenvolvidas atualmente têm tendências demográficas semelhantes.

aos falecidos. Muitos campos que antes eram florestas e haviam sido cultivados com muito suor voltaram ao seu estado natural. Para os olhos modernos, acostumados ao meio ambiente sucumbindo à invasão humana, parece talvez um pouco animador ver uma espécie de contra-ataque da natureza, retomando a terra.

Antes da peste, os camponeses tinham medo de protestar contra más condições de trabalho, mas, depois disso, as coisas mudaram. Parafraseando Barbara Tuchman, o homem moderno pode ter nascido por causa da Peste Negra. De repente, o sistema de classes rígido — em geral, defendido por aqueles que se beneficiavam dele como se fosse uma "ordem divina" — não parecia mais tão importante, e ideais de igualdade e progresso baseado no mérito substituíram os ideais de nobreza e linhagem. Os desastres populacionais sempre levam a perguntas sobre o equilíbrio das coisas, e essas são mais fáceis de serem feitas no contexto dos ecossistemas animais do que nos humanos. Não muito tempo atrás, alguém defendeu que, devido ao número de mortes durante as conquistas mongóis no século XIII, Gengis Khan pode ter diminuído a emissão de carbono no planeta. Isso é motivo para comemorar? Se nossa capacidade de reduzir a taxa de mortalidade tradicional por doenças ajuda a explicar o nosso recorde populacional global, talvez tenhamos desestabilizado um sistema de autocorreção que mantinha as coisas em equilíbrio.[16]

Talvez um otimista (ou pessimista?) apontasse que a natureza está sempre evoluindo. Esta batalha do homem contra micróbios está longe de terminar. Como a natureza nos lembra de vez

---

[16] Se começarmos com essas perguntas, elas não terão fim. Será que as vacinas prejudicam os delicados mecanismos de equilíbrio populacional da natureza? Será que o aumento da expectativa de vida e a redução das taxas de mortalidade infantil desequilibraram o planeta? Se decidíssemos que sim, será que abandonaríamos voluntariamente esses instrumentos para permitir que "a natureza siga seu curso"? São mesmo perguntas de ficção científica.

em quando, sempre há um novo micróbio para substituir os que não funcionam mais.[17]

Em 1918, em um século no qual as sociedades mais modernas pensavam que tais epidemias eram coisa do passado, elas foram lembradas que mesmo doenças à primeira vista rotineiras podem ser ameaçadoras sob as condições certas. Uma doença que seria apelidada de gripe espanhola ocorreu no auge da devastadora Primeira Guerra Mundial, e logo o número de mortes superou em muito as baixas da guerra.[18]

Talvez uma das coisas mais surpreendentes sobre essa gripe tenha sido que, no momento em que ocorreu, a humanidade tinha feito grandes avanços na medicina. Mas quando os militares americanos de apoio começaram a exibir sintomas, os especialistas ficaram perplexos. John Barry descreve em *The Great Influenza* que os marinheiros misteriosamente começaram a sangrar pelo nariz e pelas orelhas, enquanto outros tossiam sangue. "Alguns tossiram tanto que as autópsias mostraram que haviam rompido músculos abdominais e a cartilagem das costelas", escreve Barry. Muitos ficaram delirantes ou se queixaram de fortes dores de cabeça, "como se alguém estivesse martelando em seu crânio, logo atrás dos olhos" ou "dores no corpo tão intensas que pareciam ter quebrado um osso". Alguns dos homens ficaram com uma coloração estranha na pele, de "lábios ou pontas dos dedos levemente azulados" até uma coloração "tão escura que não era possível saber se era branca ou negra".

Alguns meses antes do aparecimento desses sintomas extraordinários, as autópsias da tripulação de um navio britânico mostraram

---

[17] E, como sabemos bem pelo noticiário, doenças mais antigas estão desenvolvendo resistência aos nossos antibióticos atuais.

[18] Todos esses números são estimativas, mas, em geral, acredita-se que a Primeira Guerra Mundial gerou entre 16 e 19 milhões de mortes. A gripe espanhola matou dezenas de milhões.

que "seus pulmões pareciam os de homens que morreram de gases venenosos ou peste pneumônica".

Mais alarmantes foram a velocidade e o alcance da disseminação da doença. Barry escreve sobre os esforços para isolar aqueles que sofreram qualquer exposição, mesmo que não tivessem exibido os sintomas: "Quatro dias após a chegada do destacamento de Boston, dezenove marinheiros na Filadélfia foram hospitalizados... Apesar dos recém-chegados e todos com quem tiveram contato serem isolados imediatamente, 87 foram hospitalizados no dia seguinte... dois dias depois, seiscentos outros foram hospitalizados devido à estranha doença. O hospital ficou sem leitos e sua própria equipe começou a adoecer." Quando os doentes sobrecarregaram as instalações militares, as autoridades começaram a mandar os novos pacientes para os hospitais civis, enquanto os militares continuavam viajando pelas bases de todo o país, expondo cada vez mais pessoas à doença.

O que começou na Filadélfia — pelo menos, em sua forma mais perigosa — logo se espalhou. Ainda havia uma guerra internacional acontecendo, e os meios de transportes modernos haviam passado por grandes avanços, de modo que o vírus podia viajar muito mais rápido do que em qualquer pandemia anterior. O encontro desse surto com o primeiro período de uma globalização verdadeira foi devastador.[19] No auge da epidemia, cidades inteiras nos Estados Unidos foram fechadas, pois as áreas onde as pessoas se reuniam eram interditadas para impedir que os infectados transmitissem a doença.[20] Todos deixaram de ir à escola e ao trabalho para não correrem o risco de se contaminarem, e

---

[19] Imagine essa epidemia em nosso mundo moderno do século XXI, com tantas viagens internacionais.

[20] Cinemas, eventos esportivos, festivais e até eleições foram fechados ou adiados para impedir que um grande número de pessoas se reunisse e espalhasse a enfermidade.

vários lugares pareceram estagnados pelo medo justificável de adoecer.[21] Quando a onda da gripe finalmente recuou, em 1920, os epidemiologistas modernos estimam que ela tenha matado algo entre cinquenta e cem milhões de pessoas; "Metade dos mortos eram jovens, homens e mulheres no auge de suas vidas, entre 20 e 30 anos", escreve Barry. "Se a estimativa de 100 milhões de mortos for real, então de 8 a 10% dos jovens adultos da época podem ter sido mortos pelo vírus."[22]

A doença não foi notável apenas pelo grande número de vítimas, mas também pelo ritmo acelerado da devastação. Embora tenha levado dois anos para ir e vir, "talvez dois terços das mortes tenham ocorrido em um período de 24 semanas, e mais da metade delas ocorreu em menos tempo, de meados de setembro a início de dezembro de 1918." Tamanho prejuízo em um período tão curto de tempo é desorientador e potencialmente desestabilizador para uma sociedade.

Tudo isso aconteceu em uma época em que sabíamos bastante sobre biomedicina. Entendíamos que germes espalham doenças; que era preciso impedir o contato para limitar a contaminação. Inclusive, os médicos logo descobriram que o que estava matando os marinheiros na Filadélfia era uma gripe, embora diferente de tudo que já haviam visto antes, e que nada que fizessem poderia

---

[21] É interessante examinar como as pessoas, cidades e sociedades reagiram a essa peste moderna. É um estudo de caso raro.

[22] É intrigante refletir sobre como a perda de pessoas mais jovens afeta uma sociedade de maneira diferente da perda de pessoas mais velhas. Uma das ramificações mais mencionadas do surto de gripe espanhola foi o aumento da popularidade de práticas ocultas relacionadas à comunicação com os mortos. Médiuns e sessões de comunicação com espíritos ficaram muito populares no período pós-gripe. Percebe-se um desespero que faria mais sentido para pais ou cônjuges, enlutados sofrendo a perda de entes queridos que foram levadas cedo demais, do que pessoas desejando entrar em contato com pais ou avós que viveram a vida inteira e morreram na velhice, como parece ser a ordem natural das coisas.

contê-la. Cerca de um quinto da população do planeta contraiu a doença e até 5% morreram por causa dela. Em números absolutos, foi a doença mais mortal a atingir a humanidade, mas, em termos de porcentagem da população, não foi tão ruim quanto a Peste Negra que atingiu a Europa Ocidental em meados do século XIV. Portanto, não foi como se a humanidade tivesse escapado por um triz — o estrago foi grande e generalizado —, mas poderia ter sido muito, muito pior.

Ainda pode ser. Nossa arrogância de hoje é bem parecida com a da geração que foi pega de surpresa pela gripe espanhola. Uma epidemia no nível das do passado é coisa de ficção científica para a maioria das pessoas, não algo visto como uma possibilidade real.[23] Mas quem trabalha com doenças infecciosas e vê os danos semelhantes à Peste Negra que um vírus Ebola ou de Marburg pode ter — em pequena escala — em comunidades isoladas, sabe muito bem como um vírus da febre hemorrágica ou uma mutação da gripe aviária poderiam nos lembrar que, assim como o *Titanic*, a nossa civilização não é imune a naufrágios. Inclusive, nosso iceberg nem precisa ser algo novo.

Em 11 de setembro de 1978, uma britânica chamada Janet Parker se tornou a última pessoa a morrer de varíola oficialmente. Já era bastante estranho ela ter contraído a doença, já que naquela época a enfermidade já estava quase erradicada no mundo todo, e nas raras ocasiões em que uma pessoa era infectada, encontrava-se em um local remoto, como uma região rural do hemisfério sul. Parker, no entanto, foi infectada em Birmingham, uma cidade do Reino Unido. Ela trabalhava acima de um laboratório que continha amostras desse vírus mortal e acredita-se que isso teve relação com

---

[23] Não é isso que o vilão Thanos faz nos filmes dos Vingadores? Será que eliminar metade da vida no universo pode aliviar os problemas da superpopulação? Talvez Thanos seja uma metáfora para a doença como uma ferramenta de manutenção.

ela contrair a doença. Parker tinha sido vacinada contra a varíola, mas já fazia bastante tempo.[24]

Motivada em grande parte pela contaminação de Parker, a Organização Mundial da Saúde ordenou que todas as amostras da doença fossem transferidas para um dos dois locais de segurança máxima, onde ainda restam duas amostras de varíola — um nos Estados Unidos e outro na Rússia.[25] Desde então há um debate sobre se elas devem ser destruídas para que a ameaça seja removida para sempre. Os governos dos dois países se opuseram à ideia, dizendo que as amostras são importantes para estudo e podem ser necessárias algum dia.[26]

Em um artigo publicado no *The New York Times* em 2011, Kathleen Sebelius, então secretária do Departamento de Saúde e Serviços Humanos dos Estados Unidos, expôs algumas razões alarmantes para a decisão do governo de preservar as amostras, incluindo que outras nações podem ter guardado clandestinamente as suas próprias ou que algumas com rótulos errados ou esquecidas podem ainda estar por aí: "Embora preservar as amostras possa representar um pequeno risco, os Estados Unidos e a Rússia acreditam que os perigos de destruí-las sejam muito maiores... A comunidade global de saúde pública presume que todas as nações agirão de boa-fé; no entanto, ninguém jamais tentou investigar se a solicitação da OMS [para que todos destruíssem as amostras vivas de varíola] foi obedecida. É bem possível que existam amostras não declaradas ou esquecidas."

---

[24] Essa é uma lógica compreensível que pode ser usada hoje também. Quanto menos frequente uma doença, menos as pessoas sentem necessidade de se inocular.

[25] Quando a URSS se desintegrou, no início dos anos 1990, muitos especialistas em armas biológicas tiveram temores semelhantes ao das armas nucleares, preocupados com as frágeis salvaguardas em relação a esses armamentos, embora, dessa vez, tivessem medo que os estoques soviéticos de armas biológicas e doenças caíssem nas mãos de grupos terroristas ou Estados vilões.

[26] Para aplicações positivas, como criação de vacinas, estudo de genoma etc.

De fato, encontramos algumas amostras assim em mais de uma oportunidade.[27] Vamos torcer para que os terroristas nunca as encontrem.

O patógeno tradicional da Peste Negra já foi usado como arma. Uma das teorias antigas sobre ela era que os mongóis a levaram para a Europa e a espalharam enquanto atacavam centros urbanos — o que se alegava era que tinham lançado cadáveres infectados por cima das muralhas da cidade. Embora isso possa ou não ser verdade, não há dúvida de que nas décadas de 1930 e 1940 os militares japoneses infectaram pulgas de propósito e depois as jogaram nas cidades chinesas.

A guerra bacteriológica evoluiu bastante desde então. Inclusive, a ideia de alguém usando patógenos de disseminação aérea contra uma população é mais assustadora e potencialmente destrutiva do que qualquer outro armamento nos arsenais globais. Armas nucleares e químicas são terríveis, mas ambas têm limitações em relação à letalidade. A capacidade de um patógeno letal de se espalhar de uma pessoa para outra[28] e continuar a matar por gerações (ou para sempre) faz com que uma praga provocada pelo homem possa ser pior do que qualquer coisa que a natureza já criou.[29]

E as novas enfermidades? Novos tipos de gripe se espalham de porcos para aves, pássaros e seres humanos quase todos os anos. A gripe espanhola era desconhecida até seu surgimento. A AIDS era desconhecida até seu surgimento.[30] Também existem

---

[27] Várias vezes, na verdade, incluindo casos em 2013 e 2014.

[28] Inclusive a população do agressor.

[29] O governo dos Estados Unidos já alertou sobre o perigo de alguém replicar doenças fatais e lembrou que as informações sobre o genoma da varíola estão disponíveis na internet.

[30] Em parte, o que tornou a AIDS uma praga diferente da varíola ou da gripe foi sua longa incubação e, em muitos casos, um período de sobrevivência mais longo em comparação às doenças epidêmicas tradicionais. Isso deu à sociedade mais tempo para responder do que se a AIDS tivesse matado todas as vítimas

as doenças "extintas" que podem reaparecer devido a mutações naturais ou à menor eficácia de respostas como vacinas, tratamentos, antibióticos ou antídotos.

Embora seja natural se concentrar nos efeitos diretos de uma epidemia que resulta em um alto número de mortos, muitas vezes os desdobramentos trazem consequências igualmente graves. A produção escrita dos especialistas de hoje deixa claro que as autoridades modernas estão tão preocupadas com os perigos relacionados ao medo, à incerteza e à irracionalidade da população quanto com os perigos diretos reais de qualquer patógeno futuro.[31] A história sugere que elas estão certas em se preocuparem.

Até uma tragédia lenta como o surto de AIDS provocou pânico, revolta e respostas preconceituosas quando o público tomou consciência dela. Por pior que tenha sido nos anos 1980, imagine como teria sido se a AIDS tivesse sintomas mais parecidos com a

---

que fez desde o seu surgimento até hoje em um período de um ou dois anos. Pense em como a sociedade teria ficado desestabilizada se as 35 a 42 milhões de pessoas que morreram de AIDS tivessem falecido em questão de meses ou um ano. A maneira como tudo se deu já foi bastante desestabilizadora.

[31] A varíola, entretanto, não é considerada uma doença boa para ser usada como arma letal. O tiro poderia sair pela culatra com facilidade, e as vacinas já existem ou poderiam ser produzidas de maneira rápida. O antraz é muito mais perigoso. Mas se a intenção é deixar a população em pânico e levá-la a prejudicar a si mesma por conta do medo, a varíola é um dos patógenos mais assustadores de nossa memória coletiva. "O problema da varíola é que o medo associado a ela não se justifica", escreve Hugh Pennington, especialista em bacteriologia. "Sim, a doença fará algumas vítimas, mas é o pânico que a acompanha que a torna uma ferramenta tão eficaz. Não é uma arma de destruição em massa, é uma de pânico em massa."

Inclusive, alguns dos maiores medos sobre a varíola hoje parecem dizer respeito ao possível pânico da população se uma doença com tantas vítimas em seu histórico retornar. Em 1947, um caso de varíola em Nova York levou a um esforço nacional que envolveu os militares para que mais de 6 milhões de nova-iorquinos — o mesmo número de vítimas do Holocausto — fossem vacinados em um período curto para evitar um patógeno que antigamente matava 6 milhões de pessoas por ano.

cólera ou a varíola — se infectasse as pessoas pelo ar ou pela água, matando-as em questão de dias. É difícil imaginar uma sociedade agindo de maneira racional ou humana quando as taxas de mortalidade começam a atingir níveis catastróficos. Na história, sociedades foram reconfiguradas e, às vezes, quase desmoronaram devido a uma pandemia. É possível que, caso estivéssemos enfrentando taxas de mortalidade de 50, 60 ou 70% — como aconteceu com as pessoas que passaram pela Peste Negra —, nós fizéssemos o mesmo que eles: recorrer à religião, mudar a estrutura social, jogar a culpa em minorias e grupos impopulares ou abandonar crenças anteriores. Podemos aprender com a reação das pessoas de outras épocas a uma situação catastrófica e nos perguntar: com toda a nossa tecnologia moderna, nossa ciência e nosso saber médico, como reagiríamos? Até que ponto nosso entendimento por trás das epidemias ajudaria a atenuar o medo e o pânico que parecem ser a resposta normal a uma ameaça como essa?

Embora a medicina tenha bem mais ferramentas para combater qualquer enfermidade moderna, o mundo atual também dá aos patógenos algumas vantagens. Afinal, vivemos em um planeta muito mais interconectado do que em qualquer outra época. A transmissão pode ocorrer em uma escala muito maior e mais rápida do que nunca. Uma pandemia poderia se espalhar pelo mundo inteiro antes que os especialistas sequer soubessem que havia um problema.

Qual é a probabilidade de a humanidade já ter passado pela pior praga que jamais existirá? Em *A Guerra dos Mundos*, H. G. Wells faz com que os alienígenas que quase nos conquistaram sejam derrotados por patógenos da Terra. Vamos torcer para que esses mesmos mecanismos de defesa planetária não nos peguem primeiro.

Capítulo 7

RAPIDEZ OU MORTE

A MENOS QUE A humanidade consiga quebrar padrões de comportamento coletivo mais antigos que a própria história, podemos esperar uma guerra nuclear em grande escala em algum momento. As maiores potências regionais ou globais costumam medir forças desde que as primeiras cidades surgiram na Mesopotâmia, e parece pouco realista imaginar que isso acabou de vez. Apesar de períodos de paz aqui e ali, sempre houve conflitos. Mas a próxima Guerra Total será a primeira em que ambos os lados possuem armas poderosas o suficiente para destruir uma civilização — e eficientes o bastante para fazer isso em apenas uma tarde.

Em 30 de outubro de 1961, um avião bombardeiro especialmente modificado da URSS lançou uma bomba termonuclear de 50 megatoneladas e mais de 2700 quilos sobre uma área de testes no Ártico. Chamada na época de "bomba de hidrogênio", era de longe mais poderosa do que qualquer arma antes ou depois dela. Parte da motivação por trás do teste era demonstrar aos Estados Unidos o poder de destruição da União Soviética. Excedeu em muito seu objetivo — a bomba enviou uma mensagem para o futuro.

Na verdade, a União Soviética queria testar uma bomba de 100 megatoneladas quase incompreensivelmente poderosa,[1] mas um dos físicos do projeto, Andrei Sakharov, futuro dissidente e ativista da paz, conseguiu dissuadir o líder soviético Nikita Khrushchev. Sakharov já estava preocupado com o efeito de uma bomba de 50 megatoneladas.

A maior arma nuclear já usada até aquele momento tinha sido uma bomba de hidrogênio de 15 megatoneladas, detonada pelos Estados Unidos no Pacífico em 1954, como parte dos testes de Castle Bravo. Havia sérias questões sobre as possíveis ramificações de uma explosão tão grande e se a radiação afetaria o planeta inteiro. (O que esse "afetar" significava não estava muito claro.) Muito do que se sabia sobre o assunto era apenas teoria, e o teste de Castle Bravo deixou clara a ciência inexata que é fazer uma estimativa da potência das bombas. Para começar, não era para ser tão grande — ela surpreendeu a todos e acabou sendo duas vezes mais potente do que o esperado. Inclusive, alguns cientistas chegaram a temer que o próprio ar pudesse pegar fogo.

A "Tsar Bomba" — como ficou conhecida — foi descrita pelo historiador John Lewis Gaddis na Guerra Fria desta maneira: "[Foi] a maior explosão que os seres humanos já tinham detonado até então — e até hoje — no planeta. O flash foi visível a 1.000 quilômetros de distância." "A bola de fogo", segundo testemunhas oculares do evento, "era poderosa e arrogante como Júpiter. Pareceu sugar a Terra inteira."

Gaddis continua: "A nuvem em forma de cogumelo subiu 64 quilômetros, até a estratosfera. A ilha onde a explosão ocorreu foi nivelada, não tendo desaparecido apenas neve, mas também

---

[1] A bomba atômica detonada em Hiroshima liberou a energia equivalente a entre 13 a 18 mil toneladas de TNT (quilotons). A maior bomba já testada pelos Estados Unidos tinha cerca de 15 megatoneladas (milhões de toneladas de TNT). A bomba de 50 megatoneladas da URSS era equivalente a 50 milhões de toneladas de TNT.

rochas, de modo que parecia uma imensa pista de patinação... Uma estimativa calculou, com base nesse teste, que se a bomba de 100 megatoneladas — como foi solicitado originalmente — tivesse sido usada, a tempestade de fogo resultante teria engolido uma área do tamanho do estado de Maryland." Provavelmente também teria matado a tripulação de qualquer avião que a jogasse.[2]

A HUMANIDADE ESTÁ há mais de setenta anos vivendo um experimento que vai determinar se somos capazes de lidar com o poder das armas que criamos. Como elas não ficarão mais fracas, esse experimento provavelmente só vai ser concluído se descobrirmos que não.

Supostamente, somos uma espécie adaptável. Nossa capacidade de nos moldarmos a diferentes circunstâncias ajudou o *Homo sapiens* a superar inúmeros desafios e a chegar ao nosso nível atual de crescimento civilizacional. No século XXI, estamos vivos e prósperos, e há mais de nós do que nunca. Mas vários problemas no horizonte podem ser capazes de reverter essas tendências, a menos que possamos nos adaptar de novo.

Vivemos uma época da história que alguns chamam de Longa Paz. Não há guerra entre as grandes potências há mais de sete décadas, ao contrário do que vimos desde a Mesopotâmia — as guerras mundiais, as guerras napoleônicas, a Guerra dos Trinta Anos, a Guerra dos Cem Anos, as Guerras Púnicas. A guerra generalizada entre os Estados mais poderosos vinha sendo recorrente na história da humanidade até cerca de 75 anos atrás — justo na época em que as armas deram um salto quântico e se tornaram muito mais poderosas. Isso não quer dizer que não tenham ocorrido

---

[2] Antes que os mísseis se tornassem populares, aviões bombardeiros pesados eram usados. No caso das bombas nucleares mais poderosas, sempre foi uma preocupação se os aviões seriam capazes de se afastar o suficiente para escaparem da onda de choque decorrente da explosão. Uma bomba grande com um avião lento poderia significar uma missão suicida.

conflitos sangrentos — a violência humana, infelizmente, segue firme e forte —, mas conseguimos evitar grandes batalhas entre as superpotências. Será que já vimos a última das grandes guerras?

É difícil imaginar que teremos sucesso em livrar a sociedade de problemas relacionados a vários instintos humanos básicos: sexo, ganância, substâncias intoxicantes, violência... guerra?[3] Podemos abrir mão dela? Quando a adaptação necessária para evitar um futuro pesadelo significa alterar aspectos do comportamento humano que parecem quase inatos, é difícil ser otimista sobre nossas chances. Mesmo se decidíssemos que isso provocaria a autodestruição e renunciássemos à prática, seria difícil ter certeza de que não voltaríamos aos velhos hábitos. Podemos nos comportar por um tempo, mas "para sempre" é um tempo longo demais para tentar nos mantermos alerta contra conflitos nucleares.[4]

Os seres humanos vêm aprimorando suas armas desde a Idade da Pedra. Às vezes, a tecnologia pouco mudou em séculos, e, até relativamente pouco tempo, exércitos de épocas diferentes poderiam estar mais ou menos em pé de igualdade caso se enfrentassem. Lanças, arco e flecha e homens montados em cavalos, por exemplo, foram usados por muito tempo. (Às vezes, o aprimoramento militar envolvia outros fatores além de armas.)[5]

---

[3] Será que ela é parte de nós? Acho que isso ainda está sendo estudado, avaliado e debatido.

[4] O filósofo Bertrand Russell disse o seguinte sobre o problema em tentar se manter alerta: "Dá para esperar que um homem consiga andar na corda bamba em segurança por dez minutos; não seria razoável realizar o mesmo feito por duzentos anos."

[5] Elas são apenas um dos elementos de um exército eficaz. Táticas, treinamento, liderança, logística, formações no campo de batalha e outros fatores também foram parte do processo de evolução. Assim, embora tanto os assírios no século VIII a.C. quanto os romanos no século I a.C. usassem espadas, muitos outros elementos em seu sistema militar haviam evoluído e tornavam os militares romanos muito mais formidáveis e perigosos do que os assírios da era bíblica.

Depois da época de Napoleão, entretanto, os exércitos foram se tornando mais mortíferos. No final do século XIX, a industrialização — com suas fábricas e linhas de montagem, sua ciência moderna e suas inovações tecnológicas — estava transformando a guerra. Os exércitos dobraram de tamanho entre a Batalha de Waterloo, em 1815, e a Batalha de Sedan, em 1870, e já tinham dobrado de novo quando teve início a Primeira Guerra Mundial, em 1914. As maiores peças de artilharia deste conflito disparavam projéteis que pesavam mais do que os maiores canhões de Napoleão de um século antes, e o rifle do soldado de infantaria em 1914 tinha mais alcance que as artilharia puxadas a cavalo do século XVIII. Tudo isso era apoiado pela riqueza, pelo poder e pelas populações de Estados-nação. O poder de matar muitas pessoas de uma vez só aumentara sem precedentes em um período de tempo relativamente curto, e a disputa para permanecer na vanguarda dessas inovações era mais importante do que nunca.[6] Ficar para trás em equipamentos, táticas e práticas era flertar com um desastre militar (e talvez nacional).[7] E isso fez com que os cientistas tivessem um papel fundamental na guerra.[8]

O emprego da tecnologia do século XX na Primeira Guerra Mundial assustou a todos. O dano causado por armas convencionais no conflito foi chocante. Além disso, os novos horrores que a ciência havia adicionado aos arsenais do mundo incluíam

---

[6] Como já foi dito aqui, durante grande parte da história da humanidade, o ritmo das mudanças foi mais lento, e os sistemas mais antigos permaneciam viáveis e eficazes por um longo tempo.

[7] Como os franceses descobriram na Guerra Franco-Prussiana, de 1870 a 1871, por exemplo, especialmente devido ao uso alemão mais eficaz de ferrovias para concentrar as tropas.

[8] "Acredito na afirmativa que nesta guerra [Segunda Guerra Mundial], cem físicos valem tanto quanto um milhão de soldados ingleses", disse o físico Arthur Holly Compton.

o equivalente a inseticidas humanos — gás e produtos químicos que matavam as pessoas como formigas.

Se as coisas já tinham ficado tão ruins quando a guerra terminou em 1918, o que o futuro reservava? Não é difícil entender por que depois da guerra houve uma tentativa de encontrar maneiras de impedir que um conflito global assim se repetisse.

Entretanto, menos de 20 anos depois uma nova classe de armas surpreendentemente poderosas estava prestes a ser revelada.

Em 1938, com a ameaça da guerra por vir, os cientistas alemães fizeram uma descoberta que prenunciava o uso do átomo como arma. Em agosto de 1939, menos de um mês antes do início da Segunda Guerra Mundial, Albert Einstein escreveu a Franklin D. Roosevelt, presidente dos Estados Unidos, alertando sobre o risco de armas atômicas. Também deixou claro que esse potencial destrutivo poderia ser alcançado em breve:

> *Pode se tornar possível dar início a uma reação nuclear em cadeia em uma grande massa de urânio, a partir da qual grandes quantidades de energia e de novos elementos semelhantes ao rádio seriam gerados. Agora parece quase certo que isso possa ser alcançado em um futuro próximo.*
>
> *Esse fenômeno também levaria à construção de bombas, e é concebível — embora muito menos certo — que novas bombas, extremamente poderosas, possam ser construídas. Uma única desse tipo, transportada por barco e detonada em um porto, poderia muito bem destrui-lo por inteiro, levando junto parte da área em volta. No entanto, essas bombas podem muito bem ser pesadas demais para serem transportadas via aérea.*

Vale a pena lembrar que esse aviso seria difícil de entender para um homem culto da época pré-atômica, como o Presidente

Roosevelt.[9] Se você não compreende a informação, o que faz com ela?[10] No caso do presidente dos Estados Unidos, ele instigou um programa para construir uma bomba atômica.

O Projeto Manhattan — um esforço cooperativo entre várias nações para desenvolver uma superarma — foi uma aposta significativa envolvendo recursos preciosos. Custou muito caro, reuniu cientistas e especialistas do mundo todo e tinha o equivalente à população de uma pequena cidade trabalhando em segredo para desenvolver e testar uma arma antes que ela fosse concluída pelo outro lado. Quando a guerra explodiu, pareceu quase uma medida defensiva — afinal, o outro lado também possuía físicos brilhantes (Einstein havia sido um deles antes de deixar a Alemanha).

Os seres humanos no Antigo Egito ou na Mesopotâmia teriam entendido o raciocínio por trás do realismo geopolítico do Projeto Manhattan. Alguns dos cientistas envolvidos sem dúvida tinham suas ressalvas à criação de uma bomba monstruosa para que os humanos pudessem se matar de maneira mais eficaz, mas a ideia de os nazistas conseguirem tal arma primeiro lhes dava pesadelos.

Quando, após anos de trabalho, o teste da bomba Trinity foi realizado em uma região desértica do Novo México em 16 de julho de 1945, e não só foi bem-sucedido (isso não era certo), como a bomba acabou sendo mais poderosa do que os físicos

---

[9] E a informação também poderia estar errada. Einstein estava contando a Roosevelt sobre algo possível, não 100% certo. Já é difícil tomar decisões sobre essas questões quando se é um físico e domina o assunto. Roosevelt não era e provavelmente não dominava.

[10] Além da questão filosófica sobre se é inteligente ir aumentando o poder das armas, há aspectos como o custo de oportunidade. O esforço e o dinheiro que seriam gastos com essa experiência poderiam ser melhor gastos em uma área com mais chances de ajudar a vencer a guerra?

que a desenvolveram esperavam.[11] Quando a bomba detonou, os envolvidos em sua criação sentiram alívio e triunfo, mas também outros sentimentos conflitantes. Muitos já sentiam que essa arma se tornaria mais poderosa com o passar do tempo.

J. Robert Oppenheimer, às vezes chamado de pai da bomba atômica, descreveu o momento da explosão em uma entrevista que concedeu a um programa chamado *The Decision to Drop the Bomb* em 1965:

> *Sabíamos que o mundo não seria o mesmo. Algumas pessoas riram. Outras choraram. A maioria ficou em silêncio. Lembrei-me da frase do texto sagrado, o* Bhagavad Gita. *Vishnu está tentando convencer o príncipe de que deve cumprir seu dever e, para impressioná-lo, assume sua forma de vários braços e diz: "Agora eu sou a morte, a destruidora de mundos." Acho que todos pensamos isso de um jeito ou de outro.*

O contexto é tudo, e esse teste da bomba não estava ocorrendo no vácuo. É importante lembrar como foi o último ano da Segunda Guerra Mundial. Muitos o consideram o pior ano em termos de destruição. Em 1945, cidades estavam sendo varridas do mapa *algumas vezes por semana*. Se o conflito provou alguma coisa, é que não importa quantos tratados de armas os países assinem ou que limites criem durante os tempos de paz — quando as sociedades estão no meio de uma Guerra *Total*, em que sua sobrevivência está em jogo, nada no arsenal é eticamente sagrado.[12] Os bom-

---

[11] O dispositivo, de acordo com a *Atomic Heritage Foundation*, foi apelidado de *gadget* [engenhoca]. Como a bomba que seria lançada em Nagasaki, a engenhoca era de plutônio de implosão.

[12] Às vezes, as pessoas argumentam que o gás venenoso não foi tão usado na Segunda Guerra Mundial quanto na Primeira, mas isso não ocorreu por razões humanitárias. Não era uma arma que vencia a guerra; se vencesse, teria

bardeios de cidades que haviam horrorizado o mundo quando a guerra começou tinham se tornado tão comuns que o ultraje moral de 1939 parecia um remanescente singular de uma mentalidade pré-guerra. E, para alguns, essa nova bomba parecia uma maneira mais eficiente e econômica — usando apenas um avião — de fazer o que estava sendo feito em ataques envolvendo centenas deles.

Esse é um ponto que muitas vezes não é enfatizado o suficiente nas discussões modernas sobre a moralidade de lançar bombas atômicas no Japão, mas sem dúvida teria estado presente na cabeça das pessoas da época. O plano era usar a nova superbomba contra os alemães da mesma maneira que os Aliados usavam as convencionais contra o Terceiro Reich. Quase todas as cidades alemãs grandes e médias tinham sido destruídas.[13] Em maio de 1945, dois meses antes do teste bem-sucedido da Trinity, a Alemanha nazista se rendeu, mas os Aliados ainda estavam em guerra com o Japão.

Em 1945, o Japão estava passando por bombardeios na mesma escala que a Alemanha havia passado. Suas cidades estavam sendo sistematicamente incineradas, e se as bombas atômicas não tivessem sido lançadas sobre o país, os Estados Unidos teriam continuado a guerra dessa mesma maneira. Em março de 1945, cinco meses antes de Hiroshima, as forças norte-americanas fizeram uma investida com trezentos bombardeiros pesados contra Tóquio, matando 100 mil pessoas e deixando cerca de um milhão de feridos, além de incinerarem

---

sido usado. Muito se falou sobre utilizá-lo em certas situações, e várias nações envolvidas na Segunda Guerra Mundial foram acusadas de usar armas químicas em algum ponto do conflito.

[13] Um dos motivos para Heidelberg, na Alemanha, ser tão popular entre os turistas hoje em dia é que a cidade escapou quase ilesa dos bombardeios e, portanto, é uma das cidades mais bem preservadas, mostrando como era a arquitetura alemã antes da guerra.

44 quilômetros quadrados da capital.[14] Quando as bombas atômicas foram lançadas, em agosto, Tóquio já estava tão devastada por ataques anteriores — 130 a 260 quilômetros quadrados da cidade haviam sido queimados — que fora retirada da lista de alvos prioritários. Mais de sessenta outras cidades japonesas tinham sofrido o mesmo destino.

Hoje, quando falamos sobre as duas bombas atômicas[15] que os Estados Unidos lançaram no Japão, tendemos a debater a *moralidade* da escolha. A verdade é que as pessoas por trás da decisão muito provavelmente não tinham o leque de opções que muitas vezes presumimos (ou desejamos) que tivessem. Acreditar que o presidente Truman poderia ter feito outra coisa que não usar a bomba atômica significa não entender muito bem as realidades políticas da época.[16] Como o historiador Garry Wills escreveu em seu livro *Bomb Power*: "Se viesse a público que os Estados Unidos possuíam uma arma poderosíssima que não haviam usado, as famílias de qualquer americano morto após a sua criação ficariam furiosas. O povo, a imprensa e o Congresso se voltariam contra o presidente e seus assessores. Todos clamariam pelo impeachment do presidente Truman e para que o

---

[14] O número de mortos é comparável ao das vítimas das bombas atômicas que seriam lançadas em agosto de 1945.

[15] Os dispositivos foram apelidados de "Little Boy" e "Fat Man". Segundo a *Atomic Heritage Foundation*, a bomba Little Boy media três metros de comprimento, pesava cerca de 4500 quilos e era abastecida com "urânio altamente enriquecido". Foi lançada em Hiroshima no dia 6 de agosto de 1945. Fat Man, uma bomba de implosão movida a plutônio — a mesma do teste Trinity — foi lançada em Nagasaki em 9 de agosto de 1945. Com apenas 60 quilos de plutônio — aproximadamente do tamanho de uma bola de beisebol —, Fat Man foi considerada "dez vezes mais eficiente que Little Boy".

[16] Ainda há muito debate sobre *como* escolheram usar as bombas. Alguns físicos e até militares defendiam uma demonstração em uma área pouco povoada ou não povoada (sobre águas costeiras do Japão, por exemplo) para deixar claro o que as bombas podiam fazer antes de usá-las em seres humanos.

general Groves fosse submetido à corte marcial. O governo seria condenado por ter gasto bilhões de dólares e sugado inteligência e mão de obra de outros projetos de guerra em vão."

É claro que o uso de bombas atômicas traz horrores únicos. Sobreviventes de bombardeios escreveram sobre a estranheza de sair dos abrigos antibombas 24 ou 30 horas após o ataque e encontrar uma cidade antes intacta em ruínas. Nesses casos, há pelo menos um período de tempo, embora apenas algumas horas, durante o qual o sobrevivente pode processar mentalmente o que está ocorrendo. Em um com uma bomba atômica, o dano ocorre em um piscar de olhos. Os sobreviventes aos dois únicos bombardeios realizados em seres humanos pareciam estupefatos. E muitos morreriam por conta de seus ferimentos ou dos efeitos da radiação antes que tivessem a chance de entender o que havia acontecido com eles.

Os bombardeios atômicos de Hiroshima e Nagasaki mataram juntos mais de duzentas mil pessoas. Essas vítimas se tornaram os únicos casos na história mundial do que acontece aos seres humanos em um ataque nuclear. Foram cobaias de um experimento do qual não concordaram em participar.[17] Isso motivou alguns a contarem suas histórias e falarem sobre como uma guerra nuclear seria terrível.

Outros catalogaram e preservaram os relatos das testemunhas oculares para as gerações futuras. Em seu livro, *Nagasaki*, Susan Southard escreve que no primeiro segundo após ela ser lançada, a bola de fogo resultante tinha 230 metros de diâmetro e a temperatura em seu interior era de 300.000°C, mais alta que no núcleo do Sol. "A região foi atingida por ventos horizontais com 2,5 vezes

---

[17] De maneira não intencional. Os inventores não a usaram no Japão para testar seus efeitos em seres humanos, mas estudaram esses efeitos depois. Os dados que os ataques forneceram foram um subproduto, porém não deixaram de ser extremamente instrutivos e tiveram diversos usos, servindo, inclusive, como um alerta sobre o que um conflito nuclear global faria com os indivíduos.

a velocidade de um furacão de categoria cinco que pulverizaram prédios, árvores, plantas, animais e milhares de homens, mulheres e crianças. Em todo lugar, as pessoas foram explodidas em seus abrigos, casas, fábricas, escolas e leitos hospitalares; lançadas contra paredes; esmagadas por prédios em ruínas." E tudo aconteceu em um piscar de olhos.

Um sobrevivente de Hiroshima, Hiroshi Shibayama, viu a explosão e correu em direção ao centro da cidade, onde a bomba tinha explodido. Ele escreveu: "As queimaduras eram tão graves que era difícil distinguir os traços das pessoas, todas estavam enegrecidas como se cobertas de fuligem. Suas roupas tinham virado trapos. Muitos estavam nus. As mãos pendiam frouxamente na frente do corpo. A pele das mãos e dos braços pendia das pontas dos dedos. Seus rostos não pareciam ter vida." Os relatos dos sobreviventes deixam um leitor boquiaberto.

Em uma possível Terceira Guerra Mundial, os sobreviventes de uma explosão nuclear provavelmente teriam experiências semelhantes.[18] Mas como todos sabiam depois que as duas primeiras bombas foram usadas, na próxima grande guerra os armamentos nucleares serão maiores, haverá mais deles e ambos os lados do conflito estarão armados com eles. E se em vez de duas pequenas bombas atômicas forem usadas duzentas das grandes e os danos não puderem ser reparados?[19]

---

[18] Mesmo com armas maiores e mais poderosas, a experiência no chão será semelhante. A área afetada a partir do "marco zero" será mais extensa, a zona fatal será maior, porém os sobreviventes do próximo bombardeio nuclear provavelmente ficarão muito parecidos com os do último.

[19] A capacidade de reconstruir e voltar a um nível de antes da guerra é uma das definições que o físico Nick Bostrom usa para o termo "risco existencial" em seu livro *Global Catastrophic Risks*: "Um risco existencial é aquele que ameaça causar a extinção da vida inteligente originária da Terra ou reduzir sua qualidade de vida (em comparação ao que seria possível) de maneira drástica ou permanente."

Albert Einstein teria dito que não sabia com que armas a Terceira Guerra Mundial seria travada, mas que as da seguinte seriam paus e pedras. O general da Força Aérea dos Estados Unidos Curtis LeMay cunhou a frase "bombardear alguém de volta à Idade da Pedra".[20] Ambas as citações, ditas ou não por esses homens, invocam a ideia de que uma futura Guerra Total faria a humanidade regredir na escala civilizacional. Pela primeira vez em sua história, os humanos criaram armas tão poderosas que têm o potencial de gerar uma Idade das Trevas.

A humanidade não enfrenta um grande retrocesso ou uma perda de suas capacidades há mais de um milênio. É fácil esquecer que poderiam existir coisas por aí capazes de fazer conosco o que pragas,[21] terremotos ou erupções vulcânicas fizeram com as civilizações de muitos séculos atrás. E é sem precedentes que tudo pudesse ser provocado pelas ordens de um único indivíduo — a destruição da civilização decorrente de um holocausto nuclear seria provocada por seres humanos. Se algo assim ocorrer, é porque uma pessoa ou um grupo escolheu isso. Nenhum ser ordena que um vulcão entre em erupção ou que um tsunami atinja a costa. Os gregos da Antiguidade tinham vários mitos sobre a humanidade adquirindo habilidades divinas.[22] Que ser humano ou grupo de pessoas é capaz de deter um poder como esse com responsabilidade?[23]

---

[20] LeMay jurou nunca ter dito isso.

[21] Se você está lendo fora de ordem e pulou o capítulo 6, não deixe de voltar para saber mais sobre as pragas que dizimaram parte da humanidade.

[22] Tanto Dédalo, o inventor, como Prometeu, que roubou o fogo para os humanos, figuram em contos mitológicos sobre homens mortais com poderes divinos.

[23] E mesmo que essas pessoas competentes existam, quem as substituirá? Estamos falando de um poder ou ameaça que precisa ser administrado até que não represente mais riscos. Quando isso vai ocorrer? Quais são as chances de sempre conseguirmos pessoas competentes em todos os países com essas armas?

Pela primeira vez na história, o advento das armas nucleares tornou possível para um único ser humano destruir dezenas — talvez centenas — de milhões de vidas, e os avanços tecnológicos possibilitam que isso seja feito em apenas alguns minutos. Nenhuma das figuras mais assustadoras da história — Gengis Khan; Alexandre, o Grande; Adolf Hitler — tinha qualquer coisa parecida. Se no século XIII Khan decidisse esmagar um império ou um Estado, isso levaria algum tempo. Se esse território fosse enorme — como a China —, essa empreitada, provavelmente, levaria décadas. No entanto, se o presidente Richard Nixon, em 1969, decidisse lançar um ataque nuclear no mesmo local, poderia ter aniquilado 100 milhões de chineses em *uma tarde*.

Se a humanidade tratasse essa nova arma da maneira que tratou todas as outras armas eficazes já inventadas antes, a próxima guerra mundial veria uma capacidade destrutiva quase divina. Muitas das centenas de pessoas que testemunharam o nascimento da era atômica perceberam isso no minuto em que viram o teste da Trinity no deserto. "Agora eu sou a morte, a destruidora de mundos", disse Oppenheimer.

Assim como com os cientistas, as reações dos norte-americanos foram variadas. Se você está envolvido em uma guerra mundial e seu lado adquire uma superarma, isso sem dúvida será visto de maneira positiva.[24] Em seu livro *In the Shadow of War*, o historiador Michael S. Sherry descreve as reações variadas dos americanos após o anúncio do presidente Truman na televisão informando ao seu povo, e ao mundo, que a bomba havia sido lançada e explicando o que era essa nova arma e por que havia sido usada. "Alguns enfatizaram o orgulho pelas conquistas e

---

[24] Muito mais positiva do que se o outro lado a adquirisse, claro. Imagine a reação estadunidense se a União Soviética tivesse desenvolvido a bomba atômica primeiro.

a satisfação em obterem vingança contra os japoneses." Certas pessoas lamentaram que mais bombas não fossem jogadas sobre o Japão. "Outros — em especial, soldados que presumiram que a invasão do Japão era a única alternativa ao uso da arma — saudaram a paz que a bomba havia trazido mais depressa, e a própria bomba como uma ferramenta para manter a paz."

Outros viram a questão de maneira completamente diferente — para eles, a bomba era evidência do flagelo da guerra moderna. Houve quem sentisse que era um augúrio sobre o que o futuro nos reserva. O jornalista da CBS, Edward R. Murrow, disse o seguinte: "É raro, senão inédito, uma guerra terminar deixando os vencedores com um sentimento tão intenso de incerteza e medo — com o conhecimento de que o futuro é incerto e que a sobrevivência não é garantida."

As GERAÇÕES QUE cresceram nas primeiras décadas após a Segunda Guerra Mundial tiveram a ameaça de um conflito nuclear pairando sobre eles — elas debateram o assunto, escreveram e cantaram sobre o tema e tiveram pesadelos com isso. As crianças norte-americanas costumavam passar por treinamentos de emergência na escola que ensinavam como agir durante um ataque nuclear. A literatura e o entretenimento da época estavam saturados de temas sobre uma guerra atômica (e depois termonuclear). "O fim do mundo" tornou-se um tema popular, uma fantasia. Não importava nem se você vivia em um país neutro, porque nenhuma região escaparia das consequências se uma Terceira Guerra Mundial ocorresse. Na época em que as superbombas eram novidade, pessoas de diversos campos de saber — científico, militar, político, artístico e filosófico — começaram a pensar nas chances de algo assim acontecer como se suas próprias vidas dependessem disso.

É aqui que chegamos de novo a uma bifurcação. Ou as coisas vão continuar a se repetir ou não — o que significa que ou haverá outra grande guerra (ou guerras) na história da humanidade ou nunca mais haverá outra grande guerra. Fica a seu critério qual cenário parece mais provável.

Percebendo que haviam entregado a arma mais poderosa já criada nas mãos de uma espécie bastante violenta, alguns dos que ajudaram a desenvolvê-la tentaram ver o lado positivo. Talvez a humanidade finalmente ficasse assustada o suficiente e encontrasse a motivação para renunciar à guerra, algo que nos acompanhou desde o início da história. O próprio Oppenheimer disse: "Não foram necessárias armas atômicas para fazer o homem querer a paz, mas a bomba atômica foi a gota d'água. A bomba atômica tornou a perspectiva de uma nova guerra insuportável." O que antes era idealismo havia se tornado realismo (ou as consequências seriam terríveis).

Arthur Holly Compton,[25] físico americano, escreveu: "Se os homens quiserem sobreviver com essas armas tão destrutivas, devem crescer rápido em grandeza humana. É necessário um novo nível de entendimento humano. A recompensa por usar o poder do átomo para o bem-estar do homem é grande e segura. O castigo pelo seu mau uso parece ser a morte e a destruição de uma civilização que vem se desenvolvendo há mil anos."

"Devem crescer rápido em grandeza humana" é uma frase maravilhosa. Assim como a "e a destruição de uma civilização que vem se desenvolvendo há mil anos". Parece uma boa maneira de dizer que nós, como espécie, devemos nos tornar mais iluminados ou vamos todos morrer.

Einstein parecia um pouco mais pessimista em relação à questão da "mudança ou morte": "O poder do átomo mudou tudo, exceto nossa maneira de pensar, de modo que seguimos rumo a uma catástrofe sem precedentes". Mais tarde, esclareceu seu comentário:

---

[25] Que também participou do desenvolvimento da bomba atômica.

Muitas pessoas me pediram esclarecimentos sobre um comentário meu dizendo que "uma nova maneira de pensar é essencial para que a humanidade sobreviva e evolua".

Com frequência, nos processos evolutivos, uma espécie deve se adaptar às novas condições para sobreviver. Hoje, a bomba atômica alterou profundamente a natureza do mundo, e a raça humana se encontra em um novo habitat ao qual deve adaptar seu pensamento.

À luz de novos conhecimentos... um futuro estado mundial não é apenas desejável em nome da irmandade; é necessário para a sobrevivência... Devemos abandonar a concorrência e assegurar a cooperação. Esse deve ser o fato central em todas as nossas considerações sobre assuntos internacionais; caso contrário, enfrentaremos o desastre certo. Os pensamentos e métodos do passado não impediram guerras mundiais. O pensamento do futuro deve impedi-las.[26]

Esse é um dos possíveis caminhos dessa bifurcação intelectual. O que diz que a humanidade deve passar por grandes mudanças ou será destruída por suas próprias criações. Até os defensores desse ponto de vista reconhecem como será difícil para a humanidade parar de agir como sempre fez, mas afirmam que não temos escolha.[27] Ou seja, essa visão do mundo representa um verdadeiro

---

[26] Einstein escreveu isso em 1946. Na época, havia grandes esperanças de que a Organização das Nações Unidas, recém-estabelecidas, se tornassem algo semelhante a um governo global em algum momento. Talvez na época parecesse menos absurdo do que hoje.

[27] As nações e os povos do mundo terem que concordar em adotar um governo mundial real que substituiria a soberania dos governos/estados-nações mostra a magnitude do desafio. Se a questão fosse posta de forma mais clara — ou a humanidade concorda com a formação de um estado único global ou vai ser bombardeada até voltar à Idade da Pedra —, em qual lado você apostaria? Mais uma vez, a resposta depende do seu nível de confiança na humanidade.

teste da adaptabilidade da qual tanto nos gabamos. Ou teremos sucesso nessa empreitada ou enfrentaremos o Armagedom nuclear em algum momento do nosso futuro.

O outro caminho nessa bifurcação diz que a humanidade provavelmente vai continuar agindo da mesma forma, e que nossos velhos hábitos estão arraigados demais para uma mudança significativa. Alguns dos defensores desse ponto de vista argumentam que as chances de adaptação ou evolução de nossa espécie são baixas demais, e eles acreditam que é melhor buscar estratégias para minimizar os futuros problemas. Há quem sequer concorde com a premissa de que essas novas armas são necessariamente ruins; para os adeptos da bomba, quem as usa e como as usa é que determina se são boas ou más.

Depois que a Segunda Guerra Mundial terminou e as coisas se acalmaram um pouco, surgiram questões sobre o que fazer com essa tecnologia. Como podia ser controlada? E se outros países também conseguissem essas novas armas?[28] Ocorreram muitos debates nos Estados Unidos em 1945 e 1946 sobre quem deveria ser o responsável pelas armas. Os militares pareciam a escolha lógica — eles iriam usá-las, afinal. Mas o presidente Truman não concordou,[29] e, por fim, ficou decidido que, dali para frente, o presidente dos Estados Unidos teria o poder exclusivo de autorizar e ordenar o uso das bombas atômicas.

Mas isso significava poder pessoal em um nível que os autores da constituição estadunidense não haviam previsto. E isso, escreveu o historiador Garry Wills, foi um dos efeitos colaterais

---

[28] Os Estados Unidos detiveram o monopólio desses armamentos de 1945 a 1949. Seus líderes pensavam que o país continuaria a ser o único por muito mais tempo do que o fez, o que se refletiu em seu planejamento.

[29] E ele tinha uma boa justificativa para isso. Nos diários de James Forrestal, Truman é citado dizendo que não queria "algum tenente-coronel cabeça quente decidindo quando era hora de jogar uma [bomba atômica]."

da bomba — ela mudou o sistema constitucional americano. "Botar 'o destino do mundo' nas mãos de um homem sem que houvesse um limite constitucional para suas ações causou uma ruptura violenta em todo o nosso sistema governamental". Mas esse desenvolvimento "foi aceito sob a impressão de que era uma necessidade imposta pela tecnologia." Como um presidente teria tempo para consultar outros ramos do governo se os mísseis do inimigo já estivessem no ar?"

A natureza da presidência, diz Wills, foi irrevogavelmente alterada por essa concessão de poder sem precedentes.

Enquanto essas novas armas estavam mudando a maneira como o governo americano operava na esfera nacional, também estava sendo debatida a questão de como elas poderiam mudar as coisas na esfera global. Houve uma tentativa de colocar o leite nuclear derramado de volta no balde, de eliminar as armas atômicas da face da Terra, quase como se nunca tivessem sido descobertas.[30]

Inclusive, em outubro de 1945, apenas um mês após a rendição do Japão, o presidente Truman, em discurso no Congresso, disse que a esperança da civilização eram os acordos internacionais para renunciar ao uso e desenvolvimento de armas nucleares. Em novembro do mesmo ano, ele começou a trabalhar com os líderes do Canadá e do Reino Unido para formular uma política instaurando limites. Segundo Joseph Cirincione, especialista em energia nuclear, esse foi o primeiro acordo de não proliferação nuclear.

Bernard Baruch, financista americano, foi encarregado de apresentar o plano na primeira sessão da Comissão de Energia Atômica das Nações Unidas em 14 de junho de 1946. Ele definiu os riscos

---

[30] Não podemos nos esquecer de como, já que nessa época apenas uma nação tinha essas bombas atômicas, se esse país tivesse decidido eliminá-las, bastaria destruírem as que possuíam e nunca mais fabricá-las. Não seria tão fácil fazer isso hoje. Claro que isso não teria impedido outra nação ou entidade de desenvolver e produzir essas armas.

em termos dramáticos. "Estamos aqui para fazer uma escolha entre rapidez ou morte", disse Baruch em seu discurso. "É disso que estamos tratando. Se fracassarmos, condenamos todos os homens a serem escravos do medo." Sua proposta incluía coletar todo o urânio e tório[31] do mundo, além de todos os explosivos e demais componentes usados na fabricação das bombas, e armazenar tudo isso em um local central, sob o controle do que ele chamou de uma autoridade internacional de desenvolvimento atômico, "à qual deveriam ser confiadas todas as fases do desenvolvimento e uso da energia atômica".

A União Soviética, rapidamente se transformando no "outro lado" na Guerra Fria,[32] opôs-se ao plano, em grande parte, porque, embora os Estados Unidos estivessem se prontificando a desistir de seu monopólio das armas atômicas, estavam pedindo que todos os outros países renunciassem a elas *primeiro*. O acordo permitiria que os Estados Unidos mantivessem seu arsenal nuclear por vários anos antes de desmontá-lo, prolongando sua vantagem sobre o resto do mundo. Os soviéticos sugeriram que em vez disso os americanos destruíssem suas armas nucleares e, então o resto do mundo poderia descobrir como impedir o desenvolvimento de novas.

---

[31] Segundo a Associação Nuclear Mundial, o tório (batizado em homenagem a Thor, o deus nórdico do trovão) é mais abundante na natureza do que o urânio. Não é muito radioativo — é possível segurá-lo sem sofrer ferimentos —, mas é "fértil", o que significa que pode absorver nêutrons quando é irradiado e transmutado em urânio 233, que é físsil (capaz de fissão nuclear). "Os materiais físseis são compostos de átomos que podem ser divididos por nêutrons em uma reação em cadeia que libera enormes quantidades de energia", de acordo com o Institute for Energy and Environmental Research. "Nas armas nucleares, a energia de fissão é liberada de uma vez só em uma explosão violenta."

[32] Muitos estudiosos acreditam que só foi uma guerra "fria" e não quente graças às armas atômicas (e depois termonucleares). Uma pergunta hipotética muito popular é se uma Terceira Guerra Mundial teria acontecido entre as potências que saíram vitoriosas da Segunda Guerra Mundial caso as armas atômicas não tivessem sido descobertas.

Gwynne Dyer, especialista em história militar, não fica nem um pouco surpreso por duas superpotências medirem força. Ele compara essa situação a rivalidades geopolíticas anteriores e argumenta que a dinâmica da Guerra Fria, de democracia *vs.* comunismo, era muito parecida com o papel que a religião desempenhou nas guerras dos séculos XVI e XVII. "Cada lado tem uma explicação ideológica inabalável para o adversário se comportar com tanta perversidade e agressão", escreve Dyer. "Nenhum dos eventos pós-1945 surpreenderia um diplomata espanhol ou otomano do século XVII. Comunismo e democracia liberal nada significariam para esse diplomata, a não ser como um rótulo para identificar os envolvidos na disputa, mas ele não teria a menor dificuldade de entender por que a aliança vitoriosa se desfez com tanta rapidez. É o que quase sempre acontece após a vitória, porque os ganhadores são os maiores rivais restantes e, portanto, tornam-se automaticamente as maiores ameaças ao poder um do outro."

No período que se seguiu imediatamente ao pós-guerra, os dois lados tinham motivos suficientes para temerem um ao outro. Afinal, eram os exércitos que haviam vencido o conflito pouco tempo antes. Mas agora eles podiam acabar lutando um contra o outro, e ambos eram assustadores. Os soviéticos tinham o que era provavelmente a força terrestre mais forte que já existira na história global — o Exército Vermelho, mesmo depois de parcialmente desmobilizado em 1945, continuava grande, poderoso e ameaçador.[33] Enquanto os Aliados Ocidentais haviam usado uma variedade de ferramentas para alcançarem a superioridade

---

[33] Em seu auge numérico durante a Segunda Guerra Mundial, o Exército Vermelho teve mais de onze milhões de homens. Após sua desmobilização em 1945, encolheu para cerca de 3 milhões. O Exército dos EUA tinha quase 6 milhões durante a guerra; seu número havia diminuído para pouco menos de um milhão em 1947, e apenas 100 mil homens permaneceram na Alemanha após sua desmobilização no pós-guerra.

no campo de batalha (o poder aéreo foi um componente crucial), os soviéticos enfatizaram as armaduras muito pesadas, artilharia e muitos homens. Não era uma força elegante; era um exército construído para atropelar os oponentes, como a *Wehrmacht* alemã, considerado o melhor do mundo até sua derrota.[34] Seus homens estavam espalhados pelas fronteiras mais distantes do território que haviam tomado durante a guerra, ocupando nações relutantes, como Polônia, Romênia, Hungria e os Países Bálticos.

O Ocidente, no entanto, tinha uma força aérea fantástica e completa supremacia naval. Seus exércitos terrestres tinham muitas vantagens logísticas, eletrônicas, de senhas e de comunicação em relação ao Exército Vermelho, mais simples. E tinham a bomba atômica.

Nas décadas seguintes, muitos tiveram certeza de que uma guerra com a União Soviética não era apenas uma possibilidade, mas uma inevitabilidade. Para os Estados Unidos, esse pessimismo permeou muitas decisões. Se fosse aceita a premissa de que uma guerra era inevitável, mais de cinco mil anos de história política e militar diziam que seria melhor que esse conflito acontecesse no momento e local de sua escolha, quando seus pontos fortes estivessem maximizados. Desde o final da Segunda Guerra Mundial, jamais houve maior disparidade na tecnologia de armas do que quando os Estados Unidos tinham o monopólio das armas nucleares. Quantos líderes na história do mundo teriam se aproveitado de tais circunstâncias?

---

[34] Um ponto às vezes esquecido, mas fundamental, é que ambos os exércitos tinham muita experiência em combate. Mesmo quando tropas inexperientes ou "imaturas" eram usadas (como os soldados norte-americanos quando a Guerra da Coreia explodiu), os oficiais e os líderes tinham experiência recente em tempos de guerra. O Exército Vermelho no início da Guerra Fria era em parte tão perigoso por ser liderado por veteranos experientes e ter inúmeros oficiais endurecidos pelo combate em suas fileiras. O mesmo valia para o seu rival no Ocidente.

Na época, alguns dos mais inflamados defendiam fazer exatamente isso, atacar enquanto estavam em vantagem. O general George Patton sugeriu, antes que as tropas voltassem para casa, que, como os Aliados já haviam mobilizado seus exércitos na Europa, deveriam enfrentar os soviéticos de uma vez. Ninguém sabia quanto tempo essa oportunidade duraria.[35] Apenas um tolo, alguns pensavam, desperdiçaria essa chance.

As opiniões sobre o que fazer com o monopólio atômico eram divergentes. O secretário de guerra do presidente Truman, Henry L. Stimson, descreveu a vantagem com uma analogia do pôquer: a bomba era o equivalente a um Royal Straight Flush, a melhor combinação possível. Como resistir a jogar com uma mão assim? O que Júlio César, ou Alexandre, o Grande — ou até Hitler —, teria feito se detivesse o monopólio das armas nucleares? *Não* usá-las? Se entregássemos a Aníbal, o grande general cartaginês, durante sua luta de vida ou morte contra a República Romana, o botão com o poder de acioná-las e disséssemos: "Se você apertá-lo, Roma será destruída", será que ele o pressionaria ou diria: "Talvez eu deva pensar melhor"?[36]

A recíproca é verdadeira: o que um povo muito esclarecido pode fazer com tamanho poder? Será que poderiam transformar a bomba atômica em uma ferramenta de justiça? O fato de o Ocidente acreditar estar participando de um confronto maniqueísta do bem contra o mal com a URSS também influenciou a maneira como as armas eram vistas. Muitas vezes, eram notadas como um

---

[35] O general Leslie Groves, chefe militar do Projeto Manhattan, achou que os soviéticos levariam duas décadas para conseguirem fazer a bomba atômica.

[36] E se Aníbal tivesse passado por duas guerras mundiais, testemunhado a Batalha de Verdun, o cerco a Stalingrado, o bombardeio de Dresden ou os efeitos em Hiroshima e Nagasaki, e então você lhe entregasse o botão e dissesse: "Você ainda quer destruir Roma?". Talvez, para "crescer em grandeza", a humanidade precise passar pelas dores do crescimento.

contrapeso ao poderoso Exército Vermelho e, portanto, a arma mais poderosa protegendo o mundo livre da tirania soviética.

Até cientistas preocupados e pacifistas temiam a ameaça soviética o suficiente para considerar uma guerra nuclear preventiva. Bertrand Russell, filósofo e matemático britânico que era um defensor tão grande das resoluções pacíficas que chegou a ser preso por se opor à Primeira Guerra Mundial, escreveu logo após a Segunda: "Só há uma coisa que pode salvar o mundo, e é algo que eu não sonharia em advogar. Os norte-americanos devem declarar guerra à Rússia nos próximos dois anos e estabelecer um império mundial por meio da bomba atômica."[37] Em um discurso à Câmara dos Lordes, Russel teorizou que após essa guerra — iminente para ele — a civilização teria que ser reconstruída. (Ele acreditava que esse processo levaria quinhentos anos.)[38]

É relevante que Russell e outros tenham expressado tais pensamentos em um momento em que todos ainda estavam traumatizados pela guerra. A humanidade enfrenta até hoje suas potenciais calamidades,[39] mas o nível de tensão é diferente do que as pessoas viveram nos anos do pós-conflito.

As pessoas entendiam que a guerra também poderia começar sem aviso — as nações de ambos os lados da Guerra Fria haviam

---

[37] Seria essa ideia de Einstein de um governo global, mas formado da maneira de sempre, por meio da conquista e da força, e não pela cooperação, uma versão moderna da *Pax Romana* para impedir que a guerra atômica explodisse?

[38] Russell fez outro discurso logo depois, recontado no livro *Prisioner's Dilemma*, de William Poundstone, no qual contou à Câmara dos Lordes seu pesadelo, tão terrível que havia transformado um pacifista em um defensor de um ataque nuclear preventivo: "Enquanto caminho pela rua e vejo a Catedral de São Paulo, o Museu Britânico, o Palácio de Westminster e os outros monumentos de nossa civilização, visualizo um pesadelo, esses edifícios em ruínas, cadáveres ao seu redor."

[39] As mudanças climáticas, por exemplo, podem causar graves problemas para a humanidade. Isso vai acontecer, porém, ao longo do tempo e no futuro. Uma guerra nuclear poderia causar todo o estrago de uma vez só, amanhã.

entrado na Segunda Guerra Mundial após ataques surpresa devastadores: a Operação Barbarossa, a enorme invasão surpresa da União Soviética pelos alemães em junho de 1941 (em violação ao Pacto de Não Agressão Alemão-Soviético de 1939); e Pearl Harbor, o ataque surpresa japonês ao território americano do Havaí em dezembro do mesmo ano.[40]

Entre 1946 e 1952, a bomba transformaria o governo dos EUA em uma entidade radicalmente diferente daquela que foi atacada em Pearl Harbor em 1941. Não só o destino do mundo passou a estar nas mãos de um único indivíduo, como o autor Garry Wills descreveu, mas em apenas alguns anos uma série de novas políticas e leis como a Doutrina Truman,[41] a Lei de Segurança Nacional, de 1947, e o Plano Marshall[42] criaram um novo estado de segurança nacional e reorientaram a política externa do país, tornando a contenção do comunismo sua principal preocupação. Foi nessa época que nasceram a CIA, a NSA e o Conselho de Segurança Nacional, todos parte de uma reformulação do governo com o objetivo de proteger segredos, espionar inimigos e exercer um comando militar cada vez mais global.

---

[40] Será que os estados-nação podem ficar com um caso coletivo de transtorno de estresse pós-traumático, por assim dizer? Se for possível, os Estados Unidos podem ter tido uma versão mais branda disso depois de Pearl Harbor. Os soviéticos pós-Barbarossa tiveram um caso muito mais grave. O trauma e as consequências daquele ataque surpresa de junho de 1941 foram enormes e provocaram desconfiança nas relações internacionais futuras.

[41] A Doutrina Truman comprometia os Estados Unidos a ajudarem outras nações "resistindo a tentativas de subjugação por minorias armadas ou por pressões externas". Em resumo, era uma promessa de conter a expansão comunista em países não comunistas.

[42] Chamado oficialmente de Programa de Recuperação Europeia, o Plano Marshall (em homenagem ao homem que o criou, o Secretário de Estado dos EUA, George Marshall) era um programa americano de 12 bilhões de dólares para ajudar a reconstruir a Europa Ocidental devastada pela guerra.

Embora possam ter sido medidas compreensíveis, dado o estado do mundo na época, essas mudanças parecem contrariar o que muitos cientistas estavam discutindo sobre como impedir uma Terceira Guerra Mundial por meio de um novo nível de entendimento humano. Sem dúvida era uma abordagem muito diferente da sugerida por alguns físicos em 1945 e 1946 — a de compartilhar segredos atômicos com a União Soviética e, assim, diminuir as tensões. Essa ideia era vista por seus defensores como uma maneira de promover a confiança, uma demonstração de boa-fé que poderia trazer um novo espírito de cooperação pós-atômico, evitando uma catástrofe. Para nossa mentalidade moderna, é como se os EUA fossem repassar seus segredos militares a terroristas. A classe militar do pós-guerra achou a ideia igualmente louca.

Para o presidente Truman, nos anos do pós-guerra, certas questões práticas acompanharam as questões filosóficas. Por um lado, embora os Estados Unidos não tornassem esse fato conhecido, na verdade, o país possuía pouquíssimas dessas bombas em seu arsenal. Além disso, não tinha uma boa maneira de transportá-las até seus alvos.

Nos dois anos seguintes, o país se concentrou no desenvolvimento de um sistema capaz de causar um Armagedom instantâneo, caso necessário. O nome oficial desse intrincado sistema de transporte das armas era o Comando Aéreo Estratégico (Strategic Air Command, em inglês). O CAE fazia parte de um novo ramo das forças armadas dos EUA conhecidas como força aérea.[43] O seu trabalho, caso lhe fosse ordenado, era destruir os principais centros populacionais, a infraestrutura e as indústrias da União Soviética com armas atômicas, tornando-o o sistema bélico mais

---

[43] Durante a Segunda Guerra Mundial, os aviões dos EUA pertenciam ao Exército e à Marinha. Os bombardeiros americanos na Alemanha e no Japão, oficialmente, faziam parte das Forças Aéreas do Exército dos Estados Unidos.

destrutivo que já existira — se usado, teria matado, no mínimo, dezenas de milhões de pessoas. No espaço de menos de dois anos, havíamos passado das discussões para a elaboração de uma legislação livrando o mundo das armas atômicas aos pedidos para que o presidente aprovasse os planos da força aérea para uma estratégia conhecida como "*blitzkrieg* atômico".

Seria de se pensar que, em uma situação tão importante para o futuro da humanidade quanto uma possível guerra nuclear global, o equivalente moderno dos maiores filósofos se reuniriam com os físicos e maiores especialistas em ética, entre outros, em algum tipo de fórum global sem precedentes, onde eles poderiam, silenciosa e sabiamente discutir uma estratégia para enfrentar esse desafio existencial. Em vez disso, a realidade da vida normal e as preocupações triviais reinaram. A política foi um elemento óbvio que afetou as decisões, mas preocupações orçamentárias e rivalidades dentro das forças armadas também influenciaram os resultados. Inclusive, há indícios que embasam o argumento — defendido por muitos — de que uma das principais razões para a adoção da estratégia do *blitzkrieg* atômico foi orçamentária — uma medida pensando na economia de custos. Se tiver uma força aérea com muitas bombas atômicas, talvez você não precise continuar comprando todos os outros equipamentos militares caros, como tanques ou canhões.

Essa era uma questão teórica na época, pois não havia dados concretos sobre a economia de custos daquele projeto. Mas o presidente Truman sabia que, após o fim da guerra, os Estados Unidos não poderiam continuar com os mesmos gastos astronômicos com as forças armadas; ele se veria obrigado a fazer um corte de setenta por cento no orçamento, ao mesmo tempo em que precisaria manter o país pronto para lutar uma nova guerra mundial. (Mais uma vez, muitas pessoas pensavam que esse seria o caso).

A adoção e execução de uma estratégia militar que colocava dezenas (ou centenas) de milhões de civis na mira das forças armadas dos EUA desagradou muita gente, compreensivelmente. Algumas das pessoas incomodadas com a ideia eram as que teriam que executar a matança — isto é, membros das próprias forças armadas.

Em outubro de 1949, em audiências no Congresso sobre o plano do *blitzkrieg* atômico por parte da Força Aérea, a "Revolta dos Almirantes" revelou os sentimentos contrários de quem teria que fazer o trabalho sujo. Como Eric Schlosser escreve em *Comando e Controle*, "Um após o outro, almirantes do alto escalão condenaram o *blitzkrieg* atômico, argumentando que o bombardeio das cidades soviéticas seria não apenas fútil, mas imoral". O almirante William F. "Bull" Halsey — comandante na Guerra do Pacífico, cuja frota trouxe os aviões do tenente-coronel James Doolittle perto o suficiente do Japão para que bombardeassem Tóquio em 1942 — testemunhou o seguinte: "Não acredito no assassinato em massa de não combatentes". O almirante Arthur W. Radford — outro comandante que se tornaria vice-chefe de operações navais durante a guerra — disse: "Uma guerra de aniquilação pode trazer uma vitória militar pírrica, mas não faz sentido política e economicamente." E o contra-almirante Ralph A. Ofstie, que havia servido nas cidades destruídas do Japão após a guerra, descreveu a explosão atômica como o "massacre em massa de homens, mulheres e crianças". A ideia, segundo ele, era "desumana, bárbara e contrária aos valores americanos."

É difícil saber até que ponto a oposição da marinha era, de fato, resultante da moralidade e quanto dela era um esforço para defender a necessidade e a relevância de seu ramo diante dos cortes iminentes no orçamento militar. (Inclusive, esses protestos morais desapareceriam mais tarde quando os submarinos da marinha começassem a transportar armas nucleares).

Os testemunhos dos almirantes elucidaram uma questão moral chave que o mundo ainda debate décadas depois: há como lutar uma guerra nuclear de maneira ética? Há como bombardear cidades e civis com armas atômicas sem ferir os valores americanos que o Ocidente da Guerra Fria tanto alardeava como uma marca de sua superioridade moral sobre aqueles "comunistas sem Deus"? Na visão da época, Stalin era tão ruim quanto Hitler. Era desumano, e "os vermelhos" estavam se espalhando pelo mundo. Mas, se você mata dezenas de milhões de civis para pôr um fim aos supostos males de uma superpotência totalitária, quanto desse mal respinga em você?[44] Para complicar ainda mais o dilema ético: e se o lado que se considera superior do ponto de vista moral atacasse primeiro?[45]

É importante lembrar que hoje temos o luxo de saber como tudo terminou; isto é, que não houve outra guerra mundial ou um conflito nuclear com a União Soviética. Avaliar o que aconteceu e as decisões que foram tomadas de um lugar seguro, como fazemos, é uma coisa, mas as pessoas que tomavam essas resoluções na época não se sentiam em segurança. Também sabemos muitas coisas que naquele tempo estavam escondidas.

Os Estados Unidos e outros argumentaram que a desumanidade soviética[46] tinha que ser enfrentada com um nível semelhante

---

[44] Isso nos faz pensar na frase de Friedrich Nietzsche: "Quem luta contra monstros deve tomar cuidado para não se tornar um".

[45] Como até o pacifista Bertrand Russell sugeriu ser a única maneira de evitar uma Terceira Guerra Mundial. Ele mais tarde mudaria de opinião sobre o assunto.

[46] Em fevereiro de 1948, o governo checoslovaco foi derrubado em um golpe, e o país se tornou parte do bloco comunista, o último governo independente da Europa Oriental a se juntar a ele. O ministro das Relações Exteriores derrubado foi encontrado morto do lado de fora de seu apartamento no prédio do ministério. A história oficial da época era que ele cometeu suicídio. Só em 2003 um especialista forense chamado Jiri Straus disse que as evidências eram conclusivas de que ele havia sido empurrado pela janela, como se suspeitava há muito tempo.

de implacabilidade. Em 1948, Truman já tinha passado por pequenos impasses com os soviéticos em vários locais ao redor do mundo[47] — e todas as vezes os soviéticos cederam. Mas Stalin levaria isso mais longe no verão de 1948, quando fechou as linhas ferroviárias, estradas e canais para Berlim Ocidental, negando aos Estados Unidos, à França e à Grã-Bretanha acesso a seus respectivos setores da cidade partilhada.

Essa foi a primeira crise que gerou argumentos reais sobre usar ou não uma bomba atômica. Truman já havia usado o blefe nuclear[48] — uma estratégia conhecida como "domínio de escalada"[49] — com Stalin. E se ele ameaçasse Stalin com bombas atômicas por conta de Berlim e Stalin não recuasse? Os Estados Unidos e seus aliados atacariam a União Soviética e dariam início à Terceira Guerra Mundial? Era sequer possível fazer um ataque nuclear? Havia aviões na região? Quantas bombas estavam disponíveis? Quais seriam os alvos, e se esses fossem bombardeados e destruídos, o ataque alcançaria o objetivo principal?

Como um ataque dessa natureza seria visto aos olhos da opinião pública global, cada vez mais importante? Se o arsenal nuclear dos Estados Unidos causasse apenas metade do dano estimado, mataria um número incontável de homens, mulheres e crianças.[50]

---

[47] No Irã em 1946, por exemplo.

[48] Michio Kaku e Daniel Axelrod assim afirmam em seu livro *To Win a Nuclear War*.

[49] Essa estratégia remonta aos tempos dos homens das cavernas. Na sua forma mais básica, significa que um lado está disposto a levar a situação a extremos a fim de conseguir o que quer. O desempenho da estratégia é melhor quando o lado que está ameaçando tem as armas mais poderosas. Teoricamente, funciona muito bem com armas nucleares... até não funcionar mais.

[50] E talvez nem fossem os civis do outro lado na guerra. O provável campo de batalha seria o território dos países que os Estados Unidos estavam tentando defender. Um *premier* francês havia dito: "Da próxima vez que vierem, provavelmente vão libertar cadáveres". Isso torna a decisão ainda mais delicada.

A "determinação" ocidental ficaria provada, mas a um custo muito alto. Os soviéticos não haviam atacado ninguém — apenas fecharam as rotas de suprimento e, assim, indicaram que o próximo lance de xadrez geopolítico era do Ocidente.

Nesse momento, Truman reuniu várias pessoas para terem discussões fundamentais, inéditas até então. E as opiniões eram muito divergentes. Os militares achavam que se entrassem em guerra, os Estados Unidos usariam as novas armas como haviam usado as armas convencionais antes. Mas outros, incluindo David Lilienthal, chefe da Comissão de Energia Atômica, aconselharam o presidente a não usar armamento nuclear. Como Michio Kaku e Daniel Axelrod escrevem em seu livro *To Win a Nuclear War*, o Secretário do Exército, Kenneth Claiborne Royall, "falou por todos os radicais quando disse: 'Gastamos 98% do nosso dinheiro em energia atômica para armas. Se não vamos usá-las agora, isso não faz sentido'".

Alguns queriam adotar uma estratégia que acabaria se tornando conhecida como intimidação.[51] Para que ela funcionasse, no entanto, o lado a ser dissuadido deveria acreditar que as armas seriam de fato usadas contra ele. Isso significava que qualquer nação que tentasse se apoiar nessa tática jamais poderia dizer publicamente algo como: "Essas armas são terríveis e nunca as usaremos". No entanto, foi justo isso que os Estados Unidos disseram logo após a guerra em 1945. Será que o país estava disposto a destruir cidades russas e massacrar tantas pessoas se Stalin pagasse para ver? Se ele fizesse isso e os Estados Unidos recuassem depois do blefe, dificilmente poderiam usar as bombas atômicas como uma ameaça no futuro — e, portanto, o valor de seu arsenal nuclear também

---

[51] A intimidação é um conceito estratégico que antecede as armas nucleares. Na verdade, de uma forma ou de outra, deve ser tão antigo quanto os humanos. Em essência, significa usar ameaças para dissuadir outras pessoas de fazerem algo que você não quer.

cairia. É um dilema que sobreviveria à maioria dos funcionários que o debateram em 1948.

A disputa por Berlim nunca explodiu em um conflito nuclear porque ambos os lados conseguiram andar na corda bamba por quase um ano. Aos poucos, o Ocidente começou a transportar os suprimentos de que a cidade precisava para não morrer de fome ou congelar; quando Stalin não atacou a aeronave não militar, outras se seguiram. O bloqueio duraria até maio de 1949; o transporte aéreo continuaria por meses depois disso. Quando terminou, os Estados Unidos e os Aliados haviam transportado 1,5 milhão de toneladas de carvão, combustível e outros produtos necessários para a cidade em quase 200 mil voos. Em termos do xadrez geopolíticos, Stalin tinha deixado inúmeras minas terrestres em que o outro lado podia pisar e, ao usarem o transporte aéreo, o Ocidente conseguiu evitá-las. Nos primórdios da história da humanidade tentando conviver com a tecnologia das armas nucleares — vamos chamar esse período de "pequena infância" —, toda vez que uma crise era evitada, muito se aprendia. Dito isso, se a Terceira Guerra Mundial tivesse eclodido como resultado do Bloqueio de Berlim, apenas um lado teria armas atômicas usadas contra ele. Caso você fosse um dos americanos suando de nervoso com as crescentes tensões entre as superpotências, pelo menos, podia se sentir seguro em saber que ainda estava a salvo das bombas atômicas, porque seu próprio governo era o único que as possuía.

Até que isso acabou.

A situação de Berlim se acalmou na primavera de 1949, mas todo o resto pareceu se intensificar naquele ano. Aliás, 1949 pode ter sido o ano mais perigoso da Guerra Fria.[52] Foi nele que os co-

---

[52] Pensar nos resultados da tensão de 1949 se ambos os lados possuíssem a tecnologia e os arsenais de 1969 é algo que me dá calafrios. Poderíamos ainda estar tentando reconstruir nossas sociedades.

munistas chineses (os "chineses vermelhos") finalmente obtiveram a vitória em sua guerra civil de longa data sobre os Nacionalistas e tomaram conta de toda a China continental. A União Soviética — que já era a maior potência terrestre do mundo geograficamente — agora havia acrescentado às suas fileiras ideológicas um país quase do tamanho dos Estados Unidos e que possuía um quarto da população mundial. Naquele ano, em uma tentativa de começar a construir uma estratégia de defesa unificada entre os países que ainda tentavam se recuperar da Segunda Guerra Mundial, foi formada a Organização do Tratado do Atlântico Norte (OTAN). As tensões aumentaram ainda mais.

Além disso, 1949 também foi o ano em que os soviéticos desenvolveram sua bomba atômica.

Em 29 de agosto, eles realizaram seu primeiro teste de bomba atômica em um deserto da Ásia Central — cerca de dezesseis anos antes do que os cientistas ocidentais haviam previsto. De repente, a dinâmica mudou. Os Estados Unidos tinham que se preocupar com o a possibilidade de se tornarem um *alvo*. Os oceanos que há muito protegiam o continente norte-americano não forneciam mais a mesma segurança; os Estados Unidos e sua população jamais haviam enfrentado uma ameaça tão grande.

Assim terminou o breve período do início da era nuclear durante o qual o poder conferido pela bomba atômica estava nas mãos de um único país. É incrível, dado o histórico humano, que, com seu monopólio, os Estados Unidos não tenham usado essa vantagem para dominar o mundo.[53] Talvez isso signifique que de fato houve um progresso humano em um sentido ético — um "crescimento da grandeza humana". Mas talvez também, como

---

[53] Claro que é possível argumentar que eles, na verdade, dominaram o mundo usando essas armas como vantagem. Mas é bem diferente de como o Império Romano teria usado as armas nucleares.

Bertrand Russell apontaria,[54] essa tenha sido uma vitória em uma luta sem fim. A primeira rodada teve como vencedor o crescimento ético da humanidade, já que os Estados Unidos evitaram bombardear a União Soviética enquanto eram o único país a ter a bomba,[55] mas, a partir deste momento, dois países a detinham.

Imediatamente, começou-se a clamar por uma guerra nuclear preventiva o mais rápido possível.

Vivemos com a realidade de que ambos os lados — e outros mais — têm armas nucleares. O anúncio da Rússia de que desenvolvera a bomba sinalizou o fim da era em que os Estados Unidos possuíam, como disse o secretário de guerra, um Royal Straight Flush. De maneira previsível, surgiu a questão de como responder; até mesmo cientistas sóbrios e humanistas tentavam descobrir se se tornara razoável fazer um ataque preventivo aos soviéticos. Em seu livro, *Prisioner's Dilemma*, William Poundstone cita uma carta de William Golden, um dos consultores de ciência do presidente Truman que, ao tentar formular estratégias racionais diante desse desafio civilizacional sem precedentes, fez o possível para imaginar como um homem de Marte (em outras palavras, alguém neutro) poderia ver a situação geopolítica:

> *Isso levanta a questão do uso imediato, ou da ameaça de uso, de nossas armas. Não nos iludamos, para conseguirmos um acordo de controle internacional com a Rússia, teríamos que usá-las. As consequências seriam terríveis, embora eu acredite que os russos devem ter tão poucas bombas atômicas que poderiam causar pouco ou nenhum dano aos EUA, mesmo que conseguissem*

---

[54] Ele disse, como já foi citado aqui: "Dá para esperar que um homem consiga andar na corda bamba em segurança por dez minutos; não seria razoável realizar o mesmo feito por duzentos anos."

[55] E esse monopólio durou menos de cinco anos. Se tivesse se estendido por cinquenta, será que esse autocontrole teria durado?

*lançá-las.*⁵⁶ *Em teoria, deveríamos dar um ultimato e usar as bombas contra a Rússia: daqui em diante, inevitavelmente, perderemos terreno. E isso é verdade, não importa se as produziremos mais rápido ou se nossas armas serão mais potentes. Pois assim que a Rússia for capaz de lançar bombas atômicas sobre nossas cidades, não importa quão ineficientes e poucas sejam essas bombas, ela estará em posição de nos causar danos indescritíveis. Nós sermos capazes de responder com uma força cem vezes maior ou eliminar todos eles do planeta não reverterá o estrago. Portanto, um homem de Marte poderia argumentar, com razão, embora de forma amoral, que é melhor atacarmos logo.*

Golden diz também, no entanto, que os Estados Unidos e o Ocidente não executariam um plano como esse, independentemente da alternativa, porque o público nunca o apoiaria. Esteja ele certo ou não sobre este apoio a uma guerra nuclear preventiva, ainda é interessante considerar o que poderia significar se ele estivesse certo. Seria tentador ver isso como um indício de mudança ética progressiva. Afinal, será que a opinião pública em uma civilização da Idade do Bronze sequer hesitaria?⁵⁷

Ainda assim, mesmo que seja possível dizer que estamos adaptando o manual da Antiguidade para equilibrar o poder trazido pelas armas atômicas, continuamos a seguir outros padrões que sempre fizeram sentido de acordo com a lógica militar, mas que

---

⁵⁶ Essa era a justificativa para defender um ataque imediato. Haveria um intervalo entre o primeiro teste de um dispositivo nuclear e o momento em que haveria um estoque dessas armas e um sistema de transporte que permitisse usá-las. A ideia era atacar antes que os soviéticos estivessem em posição de causar muitos danos com suas bombas.

⁵⁷ Ela teria sido bem menos importante na maioria das sociedades da Idade do Bronze do que no mundo moderno.

aumentam muito o risco de acabarmos todos mortos. O que deveriam fazer os Estados Unidos depois de seu monopólio atômico chegar ao fim? A *realpolitik* tradicional provavelmente pediria uma recuperação da superioridade ou domínio tecnológico. Era preciso continuar inventando, aprimorando e desenvolver o sistema seguinte. Você não quer correr o risco de ficar para trás em relação ao outro lado, o que significaria sua ruína.

Mas se você ainda nem descobriu como lidar com o poder conferido pelas armas que desenvolveu recentemente, faz sentido ir atrás de outras ainda mais poderosas?

Depois que os soviéticos tiveram sucesso no teste de sua primeira bomba atômica em outubro de 1949, Truman pediu ajuda a físicos — incluindo J. Robert Oppenheimer[58] — para construir a próxima geração de superbombas (que hoje chamamos de armas termonucleares e que na época foram apelidadas de "Super"). Alguns dos questionamentos foram: devemos desenvolver as próximas bombas, mais potentes que as atômicas? Quais as chances de sucesso se tentarmos fazer isso?[59] E se formos bem-sucedidos, isso de fato ajudaria a resolver nossos problemas? Os físicos responderam com um relatório dizendo ao governo para *não* construir a nova arma. Essa "bomba de hidrogênio" seria milhares de vezes mais poderosa do que as lançadas em Hiroshima e Nagasaki.[60] Os

---

[58] As opiniões de Oppenheimer costumam ser difíceis de interpretar. No geral, ele parece bastante pacifista quando se trata de armas nucleares, mas pode passar para o outro ponto de vista por diversas razões e em inúmeros momentos. No entanto, a opinião comum entre Truman e vários colegas era que Oppenheimer era "poeta demais" para ser sensato nas questões geopolíticas menos sentimentais.

[59] Cientistas como Edward Teller já estavam trabalhando para provar que isso era possível.

[60] Joseph Cirincione, especialista nuclear, descreveu a bomba de hidrogênio como o equivalente a trazer um pedaço do sol para a Terra. Não há limite para o poder de tais armamentos.

humanos não precisavam de tal força e talvez não fossem capazes de lidar com ela, disseram os físicos.

"Acreditamos que uma superbomba não deva ser produzida", conclui o relatório. "Será melhor para a humanidade que não haja uma demonstração da viabilidade de tal arma até que a opinião mundial mude." (Isso seria um código para "até que estejamos mais evoluídos"?)

Essa ideia de que não devemos desenvolver armas mais potentes contrariam o comportamento humano tradicional e, como tal, sinalizam um dilema inteiramente novo para nossa espécie. Se estiver diante de uma possível extinção, será que a humanidade poderia limitar a pesquisa e o desenvolvimento de armas?[61] Isso significa se comprometer a nunca tentar desenvolver algo mais poderoso e mortal do que as armas atuais. Como uma civilização bloqueia informações assim? E quem está qualificado para tomar essa decisão?

Oppenheimer e os colegas que concordavam com ele haviam avaliado como o experimento civilizacional do "crescimento em grandeza humana" estava se saindo nos cinco anos desde Hiroshima e Nagasaki, e os resultados não pareciam promissores o suficiente para recomendar que mais potencial destrutivo fosse adicionado à situação. O mundo já parecia um bebê que mal sabia andar brincando com uma pistola, e agora estavam perguntando se seria uma boa ideia substitui-la por uma metralhadora.

Em outras partes do relatório, os cientistas pareciam sugerir que esse momento proporcionava uma oportunidade de quebrar os padrões do passado para a humanidade sobreviver. "Com a determinação de não desenvolver a superbomba", dizia o documento, "vemos uma oportunidade única de, por meio do exemplo, dar

---

[61] Existem analogias, ainda que muito imperfeitas. A decisão do Japão de minimizar as armas de fogo em seu sistema social e militar costuma ser levantada.

algumas limitações à guerra, diminuindo o medo e despertando as esperanças da humanidade."

Enrico Fermi e outro físico redigiram uma resposta ainda mais apocalíptica, argumentando que essas armas seriam capazes de criar o equivalente a catástrofes naturais gigantescas.

> *Uma decisão sobre o desenvolvimento da "Super" não pode, em nossa opinião, ser separada das considerações sobre a política nacional. Uma arma como ela é apenas vantajosa quando a liberação de energia é cem a mil vezes maior que a das bombas atômicas comuns. A área de destruição, portanto, seria de 400 a 2.500 quilômetros quadrados ou mais.*
>
> *Essa arma vai muito além de qualquer objetivo militar e já entra na dimensão das grandes catástrofes naturais. Por sua própria natureza, não pode ser confinada a um objetivo militar, tornando-se uma arma que, na prática, é quase um genocídio. É claro que o uso dela não pode ser justificado por qualquer fundamento ético que ainda confira ao ser humano certa individualidade e dignidade, mesmo que se trate do residente de um país inimigo. É evidente para nós que essa seria a visão dos povos de outros países. Seu uso colocaria os Estados Unidos em uma posição moral ruim em relação aos povos do mundo. Qualquer pós-guerra após o uso de tal equipamento deixaria inimizades por gerações. Uma paz desejável não pode advir de uma aplicação tão desumana da força. Os problemas do pós-guerra seriam gigantescos comparados aos desafios que enfrentamos atualmente.*

Os que viam essas armas sob uma luz mais positiva achavam que esses cientistas viviam em um mundo de fantasia. Mas David Lilienthal, da Comissão de Energia Atômica — que resistiu ao uso de bombas atômicas durante o Bloqueio de Berlim —, registrou em seu diário suas opiniões sobre as inclinações do governo, que não pretendia seguir a direção que os físicos queriam. "Bombas mais potentes, mais delas, é difícil ver onde isso vai levar. Não paramos de dizer que não há outra maneira. O que deveríamos dizer é que não somos inteligentes o suficiente para enxergar outra maneira."

Mas Truman, como sempre, sofria muito mais pressão além das opiniões de seus consultores científicos. David Lilienthal, de novo em seu diário, registrou um comentário do senador Brien McMahon, que descreveu como o povo americano reagiria se descobrisse que as superpotências comunistas tinham uma bomba H, mas os Estados Unidos não: "Ora, um presidente que não tivesse aprovado o desenvolvimento da bomba H acabaria enforcado em um poste se os russos conseguissem uma e nós não."

É difícil não pensar na disparidade intelectual entre as pessoas que deveriam criar essas superarmas e as pessoas que tomariam a decisão de usá-las. Mas, mesmo que os políticos fossem mais competentes para fazer essa escolha do que o eleitorado, a opinião pública ainda era forte — e será mesmo uma boa ideia que essas decisões sejam tomadas pelo cidadão médio?[62]

Em janeiro de 1950, depois de ler o relatório de Oppenheimer e seus colegas cientistas recomendando que não fosse construída a super superbomba, Truman decidiu seguir adiante com ela assim mesmo.

As justificativas giravam em torno do seguinte: os russos iam conseguir uma, então os americanos precisavam tê-la também. Mesmo se fosse aceito o argumento de Oppenheimer de que não eram necessárias armas mais poderosas (ou seja, que uma nação poderia simplesmente usar suas bombas A contra as bombas H

---

[62] É tentador imaginar como uma sociedade que votava em tudo, como a Atenas da Antiguidade em sua era democrática, lidaria com o poder das armas nucleares. Seria mais ou menos provável que fossem empregadas se as pessoas pudessem votar? É impossível saber.

do outro lado),⁶³ o efeito psicológico no povo americano era inaceitável para um presidente que dependia das urnas para manter o poder.

Para avaliar quão incomum qualquer outra opção teria sido, é preciso imaginar a humanidade se recusando a pesquisar e desenvolver sistemas bélicos mais poderosos. Sem dúvida existem grupos superpacifistas no planeta que fariam isso, mas quando você pensa nos Estados-nação mais poderosos, é difícil imaginar qualquer um deles dizendo: "Sim, nós sabemos que nossos rivais globais têm armas mais poderosas do que as nossas, mas estamos bem com as que possuímos hoje. Não precisamos dessa mais poderosa."

Crescer em grandeza não é nada fácil.

A humanidade teve o azar de começar esse experimento civilizacional em tempos bastante tensos. Se as armas nucleares tivessem sido inventadas em uma era mais pacífica, em vez de durante o pior ano da pior guerra da história da humanidade (seguido por um impasse de décadas — a Guerra Fria), a evolução desse grande experimento de alto risco poderia ter sido diferente. Em vez disso, seis meses depois de Truman decidir seguir adiante com o desenvolvimento da Super, os Estados Unidos se viram em uma guerra terrestre na Ásia contra um país comunista apoiado pelos soviéticos. Pela primeira vez na história, um país com armas nucleares se viu em guerra contra um país cujo aliado e benfeitor havia acabado de realizar com sucesso seu próprio teste nuclear no ano anterior.

Na década de 1930, os EUA "isolacionistas" se vangloriavam de seu pequeno exército voluntário que evitava "querelas

---

[63] Ao argumentar que ninguém precisava da bomba H, Oppenheimer apontou que o nível de destruição já era tamanho que cada lado estaria destruindo as cidades do outro. Se fossem necessárias quatro bombas atômicas para destruir uma cidade que uma bomba H poderia fazer sozinha, isso de fato mudava alguma coisa? Mesmo que sim, será que superava os possíveis contras?

estrangeiras".⁶⁴ No início dos anos 1950, seu exército se assomava sobre o mundo. Novas leis, novos atos, novas doutrinas e mudanças políticas importantes haviam reorientado a política externa e militar americana naqueles anos, tornando-a o oposto de isolacionista.⁶⁵

O NSC-68, apresentado a Truman em abril de 1950, foi um dos documentos mais importantes desse período.⁶⁶ Ele tratou dos riscos para os Estados Unidos como apocalípticos: "As questões que enfrentamos são importantes, envolvem o cumprimento ou a destruição não apenas desta República, mas também da própria civilização." As recomendações do NSC-68 eram de tirar o fôlego e incluíam, entre outras coisas, o desenvolvimento da bomba H. Também defendia a triplicação dos gastos com defesa convencional.⁶⁷

O que o NSC-68 fez, parágrafo após parágrafo, foi identificar as fraquezas na estratégia de defesa dos EUA, que se limitava a fazer ameaças atômicas. Se as ameaças não obtivessem o resultado desejado, os Estados Unidos teriam que escolher entre bombardear o outro lado, matando milhões de pessoas, ou voltar atrás. Os autores do documento apontaram que esse limite poderia ser testado. Será que o país estaria disposto a usar armas nucleares contra uma nação que fosse engolindo seu vizinho aos poucos? Os

---

⁶⁴ Uma frase usada por alguns dos primeiros líderes estadunidenses para representar a atitude diplomática tradicional do país em relação a coisas como alianças permanentes.

⁶⁵ Já mencionamos exemplos como a Lei de Segurança Nacional de 1947.

⁶⁶ O NSC-68 era conhecido oficialmente como Objetivos e Programas de Segurança Nacional dos Estados Unidos.

⁶⁷ Isso perturbou o falcão orçamentário Truman, mas um dos argumentos foi que a falta de armas convencionais tornava mais provável a guerra nuclear. Se você tivesse convencionais suficientes para se defender, poderia não recorrer às armas de destruição em massa. Se você não tivesse meios convencionais suficientes, sem dúvida usaria as nucleares.

aliados também estavam preocupados com isso, porque começavam a pensar que talvez os Estados Unidos estivessem dispostos a usar armas nucleares e matar milhões de civis não americanos se sua própria segurança estivesse em risco, mas que não fariam o mesmo para defender as nações amigas.

"O risco era não ter outra opção senão capitular ou iniciar uma guerra global", declarou o NSC-68. Em outras palavras, líderes e estrategistas não tinham flexibilidade alguma — eram as armas nucleares ou nada. Tendo isso em mente, o documento defendia um grande aumento nos gastos com armas convencionais, tanques, aviões, navios — mas sem diminuir os gastos com armas nucleares. O custo elevado e o grande escopo das recomendações tornavam difícil que fosse aceita; sem dúvida era abrangente e cara demais. Se o período não fosse de tanta tensão, talvez o relatório não tivesse chegado a lugar nenhum — em vez disso, a Guerra da Coreia começou, a Terceira Guerra Mundial pareceu mais próxima do que nunca, e triplicar os gastos com armas convencionais não pareceu mais um luxo tão grande.

Em junho de 1950, quando os norte-coreanos invadiram a Coreia do Sul, a questão de como lutar uma guerra na era nuclear deixou de ser apenas teórica. Já era difícil descobrir como viver com essa nova tecnologia bélica em tempos de paz; era um desafio completamente diferente resistir à tentação, ao medo e à incerteza em tempos de guerra. Quando os soldados de uma nação estão morrendo, a pressão para empregar todos os meios à disposição é extrema. E as reputações também estavam em risco — tanto a dos que defendiam quanto a dos que se opunham ao uso da bomba.

A Guerra da Coreia era o conflito ideal para usar armas atômicas. Tanto no início do conflito, quando tropas e aliados dos EUA passavam por dificuldades no campo de batalha, quanto mais tarde, ao surgir a ideia de usar bombas nucleares para pôr um fim ao frustrante impasse entrincheirado ao estilo da Primeira Guerra Mundial, foi grande a tentação de usar o que para alguns pareciam armamentos capazes de mudar tudo. Afinal, pessoas estavam morrendo na Coreia todos os dias. O conflito em si começou como uma briga de bar, quando as forças comunistas norte-coreanas avançaram pela fronteira e obrigaram as forças sul-coreanas a recuarem em direção à água. Tudo estava acontecendo muito rápido, e logo o exército sul-coreano corria o risco de ser derrotado. Em questão de dias, os Estados Unidos enviaram forças para ajudar seus aliados.[68]

As forças dos EUA/ONU, comandadas por Douglas MacArthur, lendário general da Segunda Guerra Mundial, conduziram um ataque anfíbio atrás das linhas inimigas em Inchon, apenas para desencadear uma resposta chinesa, que enviou inúmeros "voluntários" chineses para a luta, tudo não oficialmente.

Nesse ponto ficou aparente que, para impedir que a Guerra da Coreia se tornasse a Terceira Guerra Mundial, todas as principais potências teriam que poder negar o que estava acontecendo de maneira plausível para que ninguém tivesse que admitir que aquilo *era* a Terceira Guerra Mundial.

Existe uma teoria que diz que, mesmo sem armas nucleares, havia uma grande chance de o conflito na península se transformar em uma batalha épica. Mas, para alguns, parecia que Joseph Stalin, na União Soviética, Mao, na China Vermelha, e Harry Truman, nos Estados Unidos, insistiam que todos os ataques aéreos e ataques anfíbios e os milhões de soldados atirando uns contra os outros não eram uma "guerra".

---

[68] A prática normal do Conselho de Segurança da ONU teria sido que um dos membros permanentes do conselho vetasse qualquer resolução em prol do uso da força. Mas os soviéticos estavam boicotando o conselho na época e, portanto, não podiam vetar nada. Isso levou a um uso singular de força por parte da ONU.

Quando o conflito explodiu — o pior desde a Segunda Guerra Mundial —, um repórter perguntou ao presidente americano:

— Presidente Truman, é guerra? Estamos em guerra?

Truman respondeu:

— Não, não estamos em guerra.

— Então, o que é isso? É tipo uma ação policial? — perguntou o repórter.

Ele respondeu:

— Sim. É exatamente o que isso é.

E, desde então, foi chamada de "ação policial" — como se as guerras pudessem exigir armas nucleares, mas as ações policiais, não.

(Além disso, se a situação na Coreia não constituía uma "guerra", Truman podia argumentar que não precisava ir ao Congresso e pedir que fizesse uma declaração oficial.)[69]

A razão pela qual a Guerra da Coreia é um teste tão importante como batalha entre grandes potências sem desencadear o uso de armas nucleares é explicada pelo historiador John Lewis Gaddis: "Logo se tornou regra que nem os Estados Unidos nem a União Soviética se confrontariam de maneira direta ou usariam toda a força disponível; cada um procuraria, em vez disso, limitar tais confrontos às áreas onde se originaram. Esse padrão de cooperação tácita entre antagonistas dificilmente poderia ter emergido se não existissem, de ambos os lados, armas nucleares."

Parte da adaptação forçada pela guerra foi o esclarecimento dos limites de autoridade e poder entre líderes civis e militares. Em

---

[69] A Constituição dos EUA coloca o poder de declarar uma guerra nas mãos do Congresso, enquanto o poder de lutá-la como comandante-chefe é do presidente. Isso impede que o poder de levar o país a um conflito esteja nas mãos de uma única pessoa. Teoricamente, os Estados Unidos não deveriam estar em uma guerra que o Congresso não declarara. As ações policiais, no entanto, não estão descritas na Constituição. É uma área mais indefinida. O país não declara guerra desde a Segunda Guerra Mundial. Talvez nunca mais declare.

determinado ponto do conflito, Truman gerou uma crise quase constitucional ao demitir Douglas MacArthur, seu comandante militar. O general havia sido acusado de insubordinação por discordar da maneira como o presidente controlava a guerra nos mínimos detalhes,[70] porém as preocupações de Truman iam além da Coreia — estava claro que ele tentava restringir o uso da força para impedir que as coisas saíssem do controle e uma Terceira Guerra Mundial começasse.

Alguém que discordava dessa cautela era Curtis LeMay, general da Força Aérea. Muitos com a mesma patente pensavam como LeMay, em especial, os veteranos da Primeira e da Segunda Guerra Mundial — homens que consideraram que a duração era o aspecto mais prejudicial da guerra moderna. Como os mortos aumentavam a cada dia, qualquer coisa que limitasse a duração da guerra era humanitária por sua própria natureza — mesmo que fosse necessária uma quantidade chocante de violência em um tempo muito curto. LeMay quis mandar bombardeiros pesados, como havia feito no Japão durante a Segunda Guerra Mundial, e ele testemunhou, após o término da guerra, que fazer isso teria sido uma abordagem mais humanitária. Essa é a lógica do bombardeio estratégico, por mais contraditório que possa soar, como indica a nomenclatura: o novo bombardeiro que estava programado para qualquer destruição nuclear de lugares como a União Soviética em 1950 e 1951 era o B-36, apelidado de "Pacificador".

Nenhum dos lados — nem os apoiadores do presidente querendo evitar uma guerra nuclear, nem os entusiastas da Guerra Total, como o Curtis LeMay, da Força Aérea — foi capaz de vencer a discussão de maneira conclusiva. Em meados de 1951, os dois

---

[70] Pode ser um pouco mais complicado do que isso, pois obras recentes indicam que MacArthur poderia estar trabalhando em desacordo com Truman, que tomou conhecimento disso por meio de interceptações secretas. Não deixa de ser insubordinação.

lados estavam conversando e elaborando um armistício, o que os defensores de Truman poderiam reivindicar como uma espécie de vitória. Os falcões da guerra poderiam lembrar que as negociações se estenderiam por dois longos anos, e soldados e civis morreram o tempo todo dos dois lados.

Talvez a palavra final, no entanto, fique com os apoiadores de Truman, que poderiam argumentar que, ao andarem na corda bamba diplomática e militar, a Terceira Guerra Mundial foi evitada. É difícil discutir com isso.

Em outubro de 1952, surgiu um terceiro jogador naquele xadrez nuclear quando o Reino Unido explodiu sua primeira bomba atômica. Era de conhecimento geral que os britânicos dificilmente seriam a última potência a se juntar ao clube das armas nucleares. Nos anos seguintes, ficou claro que os seres humanos teriam que administrar um mundo com dez, quinze, talvez até vinte potências nucleares.

E quando as pessoas começaram a se preparar mentalmente para um mundo com várias potências nucleares, o poder das armas em si cresceu mais uma vez.

Menos de um mês após o Reino Unido adquirir sua bomba, os Estados Unidos demonstraram que possuíam a tecnologia e os meios para construir uma arma termonuclear, a "Super": a bomba H. Essa megabomba foi detonada alguns dias antes da eleição presidencial de 1952. O poder — mesmo para um mundo se acostumando à nuvem em forma de cogumelo — mudou o paradigma.

Quando a bomba explodiu em uma ilha no Pacífico, surgiu uma bola de fogo com cerca de cinco quilômetros de largura. Havia raios dentro dela. A cratera formada media quase dois quilômetros de diâmetro e tinha quase cinquenta metros de profundidade. Essa "Super" era entre quatrocentas e quinhentas vezes mais poderosa do que qualquer uma das bombas usadas contra o Japão na Segunda Guerra Mundial.

Com o poder extraordinário desse novo armamento vieram novos problemas. As termonucleares são tão poderosas que chegam a ir contra a estratégia de intimidação, porque quanto maiores forem, menor a probabilidade de seu adversário acreditar que você as usará. Joseph Stalin foi citado[71] como tendo dito que achava que a opinião pública e o movimento pela paz em todo o mundo manteriam os governos na linha — ninguém usaria uma arma com uma força de vários megatoneladas, porque a opinião mundial não aceitaria isso.[72] Mas se você é um militar e deseja usar suas opções, ou é um dos intelectuais e políticos ligados ao presidente e deseja que sua intimidação ainda seja eficaz, é preciso descobrir uma maneira de contornar o dilema das armas nucleares grandes demais para serem usadas.

O caminho para contornar o dilema era fabricar armas nucleares menores.[73] As nucleares "táticas" são pequenas o suficiente para serem úteis no campo de batalha. Os projéteis de artilharia nuclear disparados de canhões ou as minas nucleares são dois exemplos. Chegaram até a desenvolver um projétil que seria disparado por um soldado a partir de um canhão parecido com uma bazuca.[74] J. Robert Oppenheimer até ajudou a desenvolvê-las, dizendo mais tarde que pensara, erroneamente, que estava melhorando a situação porque as armas eram menores.

Apesar da esperança de Oppenheimer de que armas menores fossem ser melhores do que aquelas do que ele chamou de "a coisa mais maldita que já vi" (ele estava se referindo ao plano de guerra da Força Aérea para 1951, que pedia que quinhentas bombas

---

[71] No *Pravda*, jornal soviético.

[72] E não só por razões morais. Essas armas criavam poluição radioativa. Seu uso afetaria a saúde e a segurança dos Estados que não estavam envolvidos no conflito.

[73] E não "em vez das", mas "além das" bombas nucleares maiores.

[74] Chamado de "Davy Crockett". Foram feitas milhares dessas armas.

atômicas fossem lançadas na União Soviética em um curto espaço de tempo), as armas nucleares táticas abriram a porta para uma escalada de violência muito rápida que poderia levar às bombas grandes que Oppenheimer esperava que nunca fossem usadas. Em vez de um no lugar do outro, os especialistas se preocupavam com a possibilidade de os dois tipos serem usados.

A velocidade com que tudo isso aconteceu faz com que a tecnologia pareça um trem desgovernado indo à toda, com a humanidade presa lá dentro até o acidente inevitável. É justo perguntar qual dos vários acontecimentos do ano de 1952 foi o mais desestabilizador em potencial. Seria o início da proliferação nuclear, com mais países conseguindo a bomba? Seria a invenção da arma de hidrogênio e o crescimento incrível, quase da noite para o dia, da capacidade destrutiva da humanidade? Ou seria o começo da revolução no que hoje chamamos de armas nucleares táticas?[75]

O resto da década de 1950 passaria por muitas mudanças. Truman seria substituído por Dwight David Eisenhower, presidente republicano (e ex-general), e Stalin morreria e seria substituído por Nikita Khrushchev. Também foi o auge do período que é conhecido como a "ameaça vermelha" na história dos EUA, quando o anticomunismo alcançou níveis de medo e paranoia jamais vistos.[76] Sem dúvida, não facilitou a cooperação entre os países nucleares adversários. A tecnologia, como sempre, continuava a progredir, e os mísseis foram um avanço fundamental, que acrescentou mais uma dimensão ao conceito de guerra nuclear. Com eles veio a ideia de "apertar o botão" e desencadear uma guerra automaticamente.[77]

---

[75] Também chamado de armas nucleares no campo de batalha.

[76] Oficialmente, foi a "segunda ameaça vermelha", a primeira tendo sido um período curto em 1919.

[77] Sempre foi mais do que apertar um botão, como os códigos de inicialização e outros procedimentos. Mas, sem dúvida, diferentemente dos bombardeiros,

Mais uma vez, ganhou força[78] o movimento pedindo que as armas nucleares fossem eliminadas e a humanidade mudasse seus comportamentos de longa data, "crescendo em grandeza".

O contraponto intelectual aos que pediam mudanças sem precedentes no comportamento humano também ganhou força nos anos 1950. Aqueles que não acreditavam que a humanidade mudaria tanto quanto era preciso adotaram a posição de que seria mais inteligente procurar maneiras de gerenciar o perigo nuclear. Quem pensava assim se tornou uma alternativa intelectual aos "poetas" como Oppenheimer, considerados pouco realistas. Com o tempo, muitos deles fizeram carreira em gabinetes estratégicos de defesa, teorizando sobre todos os aspectos imagináveis da guerra nuclear. Reunir pessoas superinteligentes em um prédio e encarregá-las de encontrar soluções, ou, pelo menos, estratégias para lidar com o problema a longo prazo, parece uma boa ideia.[79]

Algumas das maiores figuras que acabariam sendo conhecidas como "intelectuais de defesa" eram supergênios. John von Neumann foi um dos mais proeminentes, considerado uma das pessoas

---

os mísseis lançados não poderiam ser chamados de volta ou desativados, e alcançam os alvos muito mais rápido do que aviões, reduzindo assim qualquer janela de tempo de reação.

[78] Em parte, devido ao desastre radiológico depois dos efeitos inesperados no teste da bomba termonuclear chamada Castle Bravo. Os países emergentes começavam a ter uma influência coletiva no cenário mundial e queriam ter voz no impasse nuclear entre as superpotências. Em sua declaração inicial, como parte do Manifesto de Russell-Einstein de 1955, Bertrand Russell lançou uma frase poderosa: "Estou trazendo o aviso pronunciado pelos signatários" (seu manifesto) "ao conhecimento de todos os governos poderosos do mundo na mais sincera esperança de que concordem em permitir que seus cidadãos sobrevivam".

[79] Do ponto de vista lógico, faz sentido que produza ou não boas soluções. Essa ideia poderia ser considerada uma tentativa da sociedade de usar seus membros mais inteligentes para se adaptar ao poder de suas armas.

mais inteligentes do século XX.[80] Sua lista de feitos é de causar espanto. Ele foi fundamental na computação e na física. Trabalhou no Projeto Manhattan "como uma atividade extracurricular".[81] Estava claro desde sua infância que ele não era uma pessoa comum.

Poundstone disse o seguinte em *Prisioner's Dilemma*: "Desde a infância, von Neumann era dotado de uma memória fotográfica. Aos 6 anos, contava piadas para o pai em grego clássico.[82] A família dele, às vezes, entretinha as visitas com algumas demonstrações da capacidade de Johnny de memorizar listas telefônicas. A visita escolhia a coluna de uma página aleatória da lista telefônica. O jovem Johnny lia a coluna algumas vezes e depois devolvia a lista à visita. Ele era capaz de responder a qualquer pergunta (quem tem tal número de telefone?) ou recitar nomes, endereços e números em ordem.

A crítica comum a pessoas como essa, no entanto, é que, embora brilhantes, esses gênios eram robóticos quando se tratava ao aspecto humano e emocional de questões como a guerra nuclear e milhões de mortos. Eram como Spock, pessoas que poderiam trabalhar logica e matematicamente em planos que tornassem o Armagedom possível. Fred Kaplan escreveu um livro sobre eles, intitulado *The Wizards of Armageddon*.

É creditada a von Neumann a invenção de algo que hoje chamamos de teoria dos jogos.[83] Ele próprio gostava de jogar (especialmente pôquer) e era fascinado pelo funcionamento dos jogos. Estava especialmente interessado no elemento humano. Como Poundstone explica: "Para von Neumann, um 'jogo' é uma

---

[80] Uma afirmativa como essa é sempre discutível.
[81] "Tanto o computador quanto a bomba [atômica] foram atividades extracurriculares para von Neumann", escreve William Poundstone.
[82] Ou seja, em grego antigo, não o que se fala hoje em Atenas.
[83] A definição da teoria dos jogos é "um método matematicamente preciso para determinar estratégias racionais diante de incertezas críticas".

situação de conflito em que é preciso fazer uma escolha sabendo que outros também estão fazendo escolhas, e o resultado do conflito será determinado de acordo com as opções feitas. Alguns jogos são simples. Outros desencadeiam círculos viciosos de dúvida difíceis de analisar. Von Neumann se perguntou se há uma maneira racional de jogar um jogo, em especial, algo que envolva blefe e adivinhação. Essa é uma das questões fundamentais da teoria dos jogos."

Na década de 1950, von Neumann estava trabalhando com alguns dos outros pensadores mais brilhantes do mundo em um gabinete estratégico chamado RAND Corporation. Lá, estavam empenhados em estudar o "jogo" do qual dependia o destino da civilização. Eles tentavam desenvolver teorias sobre como esse jogo de xadrez geopolítico ou de pôquer atômico funcionava, e quais movimentos faziam sentido em quais situações, analisando cada movimento e resposta possível, com todas as variáveis que poderiam surgir.

Líderes militares como Curtis LeMay argumentavam que, já que os líderes políticos tinham se atrapalhado e entrado em guerra, o plano nuclear deveria ser executado pelos líderes militares o mais rápido possível, e as centenas de bombas deveriam começar a ser jogadas. Fim de jogo. Alguns intelectuais da defesa analisando o "jogo" responderam que não só ele não havia terminado depois do início da guerra como as jogadas a partir daquele ponto poderiam significar a diferença entre dezenas de milhões de mortes ou centenas de milhões.

Bernard Brodie, outro dos magos do Armagedom e um dos fundadores da estratégia militar nuclear, se opôs ao plano militar de bombardear tudo de uma vez, dizendo que a população do inimigo era mais valiosa como refém do que como um monte de cadáveres. O plano de LeMay criava milhões de cadáveres quase imediatamente. Brodie queria preservar a flexibilidade, mesmo depois que as bombas atômicas fossem lançadas. Fred Kaplan escreve: "Brodie argumentou que a rendição dos japoneses na Guerra do Pacífico não resultou das bombas atômicas lançadas sobre Hiroshima e Nagasaki, mas da ameaça implícita de outras, caso os japoneses não desistissem."

"Da mesma forma", escreve Kaplan, parafraseando os argumentos de Brodie, "os soviéticos provavelmente se renderiam depois de receberem alguns golpes destrutivos, sabendo que caso não parassem de lutar suas cidades seriam os próximos alvos. Se, no entanto, explodíssemos suas cidades logo no início da guerra, a capacidade de negociação seria explodida junto com elas. Os reféns não têm valor mortos. Assim, os soviéticos não hesitariam em destruir cidades americanas em resposta, um resultado que dificilmente serviria ao interesse da segurança nacional."

É uma combinação da lógica desapaixonada e, ao mesmo tempo, à sua maneira (ainda mais em comparação ao plano *blitzkrieg* atômico que a Força Aérea desejava), humanitária.[84]

Os magos do Armagedom tentando usar a inteligência humana para evitar que nos matássemos com nossas próprias armas estavam enfrentando o mesmo problema que aqueles que gostariam de ver a humanidade evoluir e deixar a guerra no passado: a velocidade das mudanças. Tudo não parava de evoluir com tamanha rapidez que, quando você finalmente achava ter entendido o jogo de pôquer atômico, alguém resolvia adicionar um segundo baralho. E então um terceiro. Os paradigmas mudavam com regularidade e o número e a complexidade das variáveis só aumentavam.

---

[84] Os Estados Unidos encomendaram um plano de guerra em 1955 para estimar quantas pessoas morreriam se os EUA realizassem esses ataques contra a União Soviética quando a Terceira Guerra Mundial começasse. O número estimado foi de 60 milhões. É quase o número total de mortos na Segunda Guerra Mundial e dez vezes maior que o número de judeus mortos no Holocausto.

Enquanto as superpotências tentavam normalizar as relações e torná-las menos explosivas, cada diminuição nas tensões parecia logo ser neutralizada por um novo desafio. Joseph Cirincione falou sobre os avanços da tecnologia de armas nucleares entre 1950 e 1960:

> *Enquanto o Átomos pela Paz[85] promovia a tecnologia nuclear para fins pacíficos, o Exército dos EUA equipava suas tropas com milhares de armas nucleares, adaptando-as para cargas de profundidade nucleares, torpedos nucleares, minas nucleares, artilharia nuclear e até uma bazuca nuclear. Essa arma de infantaria, chamada Davy Crockett, era capaz de disparar uma ogiva nuclear a cerca de 800 metros de distância. Tanto os Estados Unidos quanto a União Soviética desenvolveram estratégias para lutar e vencer uma guerra nuclear, criaram vastos complexos de armas nucleares e começaram a implantar mísseis balísticos intercontinentais e frotas de submarinos. O abandono de uma tentativa de controle internacional e a corrida para obter a vantagem nuclear numérica — e, mais tarde, qualitativa — fizeram com que o arsenal nuclear estadunidense subisse de pouco menos de quatrocentas armas em 1950 para mais de 20 mil em 1960. O arsenal soviético, por sua vez, foi de cinco ogivas em 1950 para cerca de 1.600 em 1960. Os Estados Unidos estavam à frente, mas com medo.*

Não era preciso ser um gênio para perceber que se um controle das armas nucleares já era difícil quando havia relativamente poucas delas, de um só tipo, agora seria muitíssimo mais desafiador.

Com as eleições presidenciais de 1960, quinze anos depois do início da era atômica, seria de se pensar que a única coisa com que

---

[85] Uma política cujo objetivo era promover a aplicação pacífica da tecnologia nuclear.

os eleitores americanos deveriam ter se preocupado era acertar nessa questão da espada de Dâmocles. Afinal, a prosperidade do mundo inteiro — e talvez sua sobrevivência — dependia disso. Mas não é assim que funcionam os seres humanos em qualquer sistema em que lhes seja permitido ter uma opinião.[86]

A questão nuclear, sem dúvida, seria um dos fatores considerados pelos eleitores na hora de eleger quem poderia ser descrito como "aquele mais perigoso em toda a história humana ", mas não seria o único. Ainda havia muitas questões cotidianas, como política, impostos e filiação partidária. E, por mais superficial que possa parecer em um momento em que se decide quem deve deter o maior poder da história global, o carisma e a simpatia também são quesitos importantes nessa decisão. Para quem está de fora — aqui entra de novo o nosso marciano —, isso pode parecer uma realidade muito estranha. Em um jogo de pôquer geopolítico atômico com vários baralhos, no qual as apostas são as mais altas, como os humanos podem escolher o cara com o melhor cabelo?[87]

Em 1960, o candidato mais glamouroso venceu,[88] mesmo sendo menos experiente do que seu adversário, Richard Nixon, e, pelos padrões presidenciais, muito jovem. Inclusive, aos 43 anos de idade, John F. Kennedy era o homem mais jovem já eleito para o

---

[86] Mais uma vez, é por isso que alguns são pessimistas sobre as chances de sobrevivência da humanidade diante da tecnologia de armas cada vez mais destrutiva. Einstein ou Oppenheimer, por acaso, achavam que o "povo" deveria decidir quem tinha condições de exercer tamanha capacidade destrutiva?

[87] Aqui está uma curiosidade que não é mencionada o suficiente: os norte--americanos não elegem um presidênte careca desde Eisenhower. E até isso pode ter sido uma anomalia, porque o oponente democrata de Eisenhower nas duas eleições era Adlai Stevenson, que tinha ainda menos cabelos que ele.

[88] Isso não significa que ele não fosse a melhor escolha. Mas, em uma eleição tão acirrada quanto a daquele ano, o carisma incrível de John Kennedy pode ter sido um fator decisivo em sua vitória. Não precisaria de muita coisa.

cargo.[89] Dwight D. Eisenhower, de 70 anos, o presidente saindo após cumprir dois mandatos — general cinco estrelas que havia comandado a invasão aliada na Normandia e sido o comandante supremo aliado na Europa na Segunda Guerra Mundial —, entregava os códigos de lançamento nuclear a um sucessor que os críticos diziam não passar de um playboy milionário — um cara que era unha e carne com Frank Sinatra e um peso-pena em termos político e intelectual —, um garoto.

O primeiro-ministro soviético, Nikita Khrushchev, desejara a vitória de Kennedy contra seu oponente republicano, Richard Nixon, um homem que havia sido o vice-presidente de Eisenhower e era conhecido por ser um anticomunista ferrenho. Mas nenhum presidente toma posse e assume do zero, e Kennedy herdou projetos e planos iniciados pela administração anterior.

Um deles foi a invasão da Cuba comunista, apoiada pela CIA, por exilados cubanos. O plano foi elaborado para derrubar Fidel Castro, mas ele derrotou a invasão e matou ou capturou os combatentes financiados e treinados pelos norte-americanos. A Invasão da Baía dos Porcos teria um profundo impacto em Kennedy. Durante as reuniões, seus conselheiros o pegavam olhando para o nada, dizendo: "Como pude ser tão burro?"

O biógrafo de Kennedy, Robert Dallek, escreve:

"Como pude ser tão burro?" era sua maneira de perguntar como tinha sido tão ingênuo. Ele se admirava de não ter feito mais perguntas e haver permitido que a suposta sabedoria de todos aqueles funcionários de segurança nacional experientes

---

[89] Para ser justo, seu oponente, Richard Nixon, tinha 46 anos. Ele chegaria à presidência oito anos depois e renunciaria em 1974 durante o escândalo de Watergate. A certa altura, ele se vangloriou do poder absoluto de seu cargo, dizendo à imprensa: "Posso voltar à minha sala, pegar o telefone e em 25 minutos, 70 milhões de pessoas estarão mortas".

o convencesse a seguir em frente. Ele disse mais tarde ao conselheiro Arthur Schlesinger que presumira que "os militares e os funcionários da inteligência possuíssem alguma habilidade secreta que não estava disponível para os reles mortais". A experiência o ensinou a "nunca confiar nos especialistas". Ele disse ao jornalista Ben Bradlee: "O primeiro conselho que darei ao meu sucessor é para tomar cuidado com os generais e não pensar que, só por serem militares, suas opiniões sobre assuntos militares valem alguma coisa."

Se isso pode ser chamado de um aprendizado, o que a lição ensinou a Kennedy, talvez, tenha impedido um holocausto nuclear, embora a tentativa de deposição tenha enfurecido muito os soviéticos, que eram próximos de Castro e seu governo. Também prejudicou as relações entre o jovem presidente e seu grupo augusto de conselheiros e autoridades militares mais velhos (e em alguns casos, lendários).

As consequências da tentativa de golpe viriam em uma cúpula em Viena em 1961. Lá, o experiente líder soviético de 67 anos — um homem de origem camponesa que não tivera educação formal, mas que havia trabalhado junto a Joseph Stalin por muitos anos antes de assumir a liderança soviética — enfrentou o ricaço de 47 anos, formado em Harvard e crescido na elite de Massachusetts. E o humilhou. Ao descrever a experiência para James Reston, do *The New York Times*, Kennedy disse que a reunião da cúpula havia sido "a experiência mais difícil da minha vida. Ele me deu uma surra. Eu tenho um grande problema se ele acha que sou inexperiente e mole. Até mudarmos essas ideias, não chegaremos a lugar algum."

Mas, de acordo com Vladislav Zubok e Constantine Pleshakov em seu livro *Inside the Kremlin's Cold War*, essa reunião cara a cara mudou a visão de Khrushchev sobre o presidente americano e o que ele poderia ousar fazer. Inicialmente, o líder soviético tinha a esperança de buscar uma relação melhor entre as duas potências, porém, após o fraco desempenho de Kennedy, acabou dizendo aos assessores que a situação favorável de um líder americano menos formidável devia ser explorada. Era uma oportunidade boa demais para deixar passar, mesmo em um mundo nuclear.

Mas, como teorizou Kennedy, quando nenhum dos lados quer guerra, é provável que ela só ocorra se houver um grande erro de cálculo de uma das partes. O erro de Khrushchev foi achar que Kennedy era fraco.

As tensões aumentaram após a cúpula de Viena, e os dois lados retomaram o teste de armas nucleares.[90] Nesse período, os soviéticos detonaram a maior explosão artificial da história do mundo (a "Bomba Tsar"). Os Estados Unidos compensaram a falta de tamanho com números, realizando 98 testes nucleares em um único mês em 1962.[91]

No mesmo ano, em um dos maiores exemplos de apostas de alto risco,[92] Khrushchev resolveu vários problemas de uma só vez ao, secretamente, colocar armas nucleares em Cuba. Em muitos aspectos, era uma ideia brilhante, mas tudo dependia de um detalhe bastante delicado: os soviéticos precisavam levar os mísseis e as ogivas nucleares até lá e ativá-los antes que os Estados Unidos descobrissem sua presença. Se os norte-americanos ficassem sabendo do plano, bombardeariam os locais com os

---

[90] Até então, houvera uma espécie de suspensão não oficial dos testes, que, nesse período, forneceram dados úteis, mas também ocorreram em parte como avisos para o outro lado.

[91] Número segundo o autor Donovan Webster. Até o momento, mais de duas mil explosões de testes nucleares ocorreram na história global.

[92] Alguns podem chamar de "imprudência", e uma das críticas a Khrushchev mais tarde era que ele gostava demais de correr riscos.

mísseis inacabados ou invadiriam a ilha, e tudo iria por terra. Se, no entanto, os armamentos se tornassem funcionais, qualquer agressão por parte dos Estados Unidos, provavelmente, levaria ao lançamento desses mísseis contra o país.[93] Com uma guerra termonuclear global em jogo, como é que Khrushchev se sentiu confiante para correr tamanho risco?

Na manhã de 16 de outubro de 1962, os conselheiros de Kennedy lhe trouxeram fotografias mostrando a construção de locais para abrigar mísseis em Cuba. Os Estados Unidos já estavam observando atividades suspeitas entre os russos que descarregavam navios na ilha, e o presidente havia perguntado aos soviéticos se estavam fazendo alguma coisa. Eles, por sua vez, garantiram ao líder rival que nada estava acontecendo, mas as fotos dos aviões espiões U-2 confirmaram os piores medos de todos. Os conselheiros de Kennedy por parte da CIA acreditavam que haveria mísseis nucleares operacionais a cerca de 140 quilômetros da costa dos EUA na semana seguinte.

Tudo dependia da operacionalidade dos mísseis soviéticos em Cuba. Mas havia tantas incógnitas, e as perguntas apenas aumentavam. Será que algum dos mísseis estava pronto para ser disparado? Havia outros lugares na ilha que não haviam sido descobertos? Havia ogivas nucleares na ilha? Se sim, quantas? Havia mais armas a caminho?

Poucas horas depois de ver as fotos dos canteiros de obras em Cuba, o presidente convocou, no mesmo dia 16, uma reunião que ficaria conhecida como EXCOMM, com um grupo de assessores de segurança nacional escolhidos a dedo, assim como outras vozes

---

[93] Isso era em parte significativo porque, diferentemente das décadas de 1970 e 1980, quando os dois lados podiam alcançar quase qualquer lugar do planeta com suas armas nucleares, o fato de os soviéticos posicionarem mísseis em Cuba no início da década de 1960 tornava seu principal inimigo muito mais vulnerável a um ataque nuclear.

influentes que Kennedy queria ouvir, incluindo o procurador-geral, e seu irmão mais novo, Robert.

Sem o conhecimento de qualquer um dos participantes da reunião naquela manhã (exceto o irmão), o presidente gravou as conversas.[94] A certa altura, Kennedy lembrou a todos que estavam discutindo a possibilidade de ataques aos centros urbanos locais que poderiam resultar entre 80 e cem milhões de mortes.[95] Já houve alguma conversa tão importante na história do mundo?

Conforme os acontecimentos foram se desenrolando, e com a perspectiva que temos hoje, é difícil não ficar impressionado com a capacidade do presidente Kennedy de resistir à pressão dos falcões da guerra entre seus conselheiros civis e militares.[96] Desde a invenção das armas nucleares havia proponentes militares clamando para que fossem usadas.[97] Se Truman tivesse lhes dado ouvido, ele as teria usado durante o Bloqueio de Berlim e na Guerra da Coreia. Eisenhower várias vezes foi aconselhado a usar a bomba H. Nas reuniões da EXCOMM, a decisão de Ken-

---

[94] Essas gravações da reunião do EXCOMM são algumas das fontes primárias históricas mais incríveis que já existiram. Elas registraram as deliberações e tomadas de decisão da liderança de um lado do que poderia ter sido o Armagedom nuclear global. Estão on-line, disponíveis ao público. E o mais incrível é que são uma combinação de conversas chatas e monótonas como qualquer outra reunião de escritório, mas sobre um assunto que causa arrepios. Mesmo nos períodos mais estressantes, ninguém levanta a voz. Parece uma reunião de negócios tradicional. Quando você ouve o que estão dizendo, percebe que os presentes estão discutindo possíveis números de mortos que chegam aos níveis da Segunda Guerra Mundial em apenas uma tarde.

[95] E esse número seria apenas o das baixas nos Estados Unidos. No plano de guerra norte-americano, Moscou seria atacada com mais de cem ogivas nucleares. O presidente Eisenhower disse certa vez que não se poderia ter uma guerra nuclear porque não haveria escavadeiras suficientes para tirar os cadáveres das ruas.

[96] É nesse ponto que alguns apontam para a lição da Invasão da Baía dos Porcos e como Kennedy aprendeu a não ouvir cegamente o conselho de seus militares.

[97] O mesmo era verdade na União Soviética.

nedy de não fazer ataques aéreos contra as instalações em Cuba foi contestada por *unanimidade* por seus conselheiros militares.[98]

No entanto, o jovem presidente foi muito cauteloso, iniciando um bloqueio contra Cuba em vez de atacar a ilha. Foi uma solução imperfeita, porque não fazia nada para impedir a montagem dos mísseis na ilha, mas, como Stalin fez em Berlim em 1948, era uma jogada geopolítica e forçava Khrushchev a dar uma resposta. Será que *ele* procuraria a guerra?

Até o momento, o mundo desconhecia os detalhes do que estava acontecendo, mas é quase impossível esconder um bloqueio, então Kennedy foi à televisão explicar a situação.

Seu discurso para o resto do mundo teve dois efeitos: o primeiro foi confirmar as suspeitas dos soviéticos de que os Estados Unidos haviam encontrado seus mísseis, de modo que a farsa havia acabado. O segundo foi informar ao mundo que poderia haver uma guerra nuclear global em um futuro muito próximo.

Jamais houve um comunicado como aquele na história. O efeito desse anúncio foi semelhante ao que teria a notícia de que alienígenas haviam pousado na Terra — há uma grande chance de o mundo passar por um surto em massa. Se você achasse que poderia não acordar no dia seguinte e a maioria das outras pessoas ao seu redor pensasse algo parecido, como isso mudaria sua vida? A primeira-dama, Jackie Kennedy, disse que não queria ser evacuada de Washington, D.C. — se a aniquilação nuclear fosse acontecer, ela queria morrer junto dos filhos e do marido. Há muitos relatos de pessoas tendo pensamentos semelhantes.[99]

---

[98] Muitos conselheiros civis concordaram com os militares. Kennedy estava indo contra o conselho de muitos nessa situação. Ele teria dito a seu assessor, David Powers (segundo o historiador Sheldon M. Stern): "Esses figurões militares têm uma grande vantagem. Se fizermos o que eles querem que a gente faça, nenhum de nós estará vivo mais tarde para dizer que eles estavam errados."

[99] Supostamente, Bob Dylan continuou trabalhando em uma música porque queria terminá-la antes de morrer caso a guerra nuclear estourasse.

O resto do que a história chamou de Crise dos Mísseis de Cuba se desenrolou em tempo real na frente de uma audiência global. O caso durou cerca de duas semanas e, em vários momentos, as coisas pareciam à beira do precipício. Kennedy e Khrushchev tiveram momentos de duelos psicológicos e, nos estágios finais da crise, ambos pareciam desesperados por uma saída.

Em determinado momento, em um comunicado para o presidente estadunidense, Khrushchev escreveu: "Sr. Presidente, não devemos puxar as pontas da corda em que vocês ataram o nó da guerra, porque quanto mais nós as puxarmos, mais apertado o nó ficará. Pode chegar um momento em que ele ficará tão apertado que mesmo quem o amarrou não terá forças para desfazê-lo, e então será necessário cortá-lo. O que isso significaria eu não preciso lhe explicar, porque você entende perfeitamente as forças terríveis de que nossos países dispõem."

Talvez até contra todas as probabilidades, a situação tenha sido resolvida sem uma guerra. No último momento, os soviéticos aceitaram um acordo secreto de mísseis, um toma lá, dá cá, e concordaram em remover suas armas de Cuba.

Mas o caso aterrorizou todos. Foi talvez o mais próximo que o mundo esteve de uma guerra nuclear, e essa ameaça evitada no último segundo levou a muitas mudanças — com base na experiência, não na teoria —, diminuindo as chances de que isso se repetisse.[100]

Em meados da década de 1960, embora a ameaça do Armagedom nuclear continuasse, os países aprenderam, fizeram

---

[100] Por exemplo, por mais louco que isso pareça, enquanto o mundo estava à beira do desastre nuclear, as duas superpotências não tinham uma boa maneira de se comunicar entre si. Faziam isso indiretamente por meio dos comunicados na mídia, por exemplo. O famoso "telefone vermelho" seria criado após a Crise dos Mísseis de Cuba, para que, quando as coisas ficassem preocupantes, os dois lados pudessem se falar diretamente.

mudanças, acumularam experiência prática e desenvolveram sistemas complexos, de maneira que o mundo não parecia mais um bebê que mal sabia andar em posse de uma metralhadora.

O FIM DO nosso mundo foi quase televisionado.[101]

No momento de maior tensão e drama durante a Crise dos Mísseis de Cuba — com navios soviéticos se aproximando da linha de bloqueio naval dos EUA —, uma multidão estava na Times Square lendo as manchetes e notícias que piscavam na lateral dos edifícios. Três redes de televisão cobriram a crise 24 horas por dia. Pequenos mapas desenhados à mão atrás do apresentador do jornal Walter Cronkite, com pequenos navios de papel que eram movidos para cada vez mais perto da linha de bloqueio, serviam como contagem regressiva para a catástrofe. O presidente e seus assessores também assistiam à cobertura, e o país inteiro prendia o fôlego.

Era bem diferente da transmissão de rádio ao vivo de Edward R. Murrow, em Londres, quando a cidade foi bombardeada durante a Blitz de 1940, porque, a menos que você morasse em Londres, isso não afetava sua vida diretamente. Os espectadores ao vivo em 1962 — independentemente de onde moravam — estavam assistindo para descobrir se acordariam ou não na manhã seguinte e se seus filhos teriam ou não um futuro.

O historiador H. W. Brands apontou que isso significava uma mudança profunda na vida das pessoas em relação a qualquer período anterior da história:

Na era pré-nuclear, quando as pessoas trabalhavam em prol de objetivos distantes, podiam se consolar com a ideia de que, embora não fossem viver para ver tais objetivos sendo alcançados,

---

[101] Imagine o circo na mídia de hoje!

seus filhos ou netos talvez fossem. Se os objetivos estivessem além do alcance humano, a geração seguinte poderia, pelo menos, chegar um pouco mais perto do que a anterior. A invenção de armas nucleares mudou tudo.

Agora, havia uma possibilidade real de que o experimento humano fosse cancelado no meio do caminho. Nesse caso, nem as gerações futuras — porque não haveria uma geração futura — saberiam o que aconteceria. Sob a nuvem da ameaça nuclear, o significado da existência humana ficou mais obscuro do que nunca.

Samuel Johnson teria dito: "Quando um homem sabe que vai ser enforcado em quinze dias, sua concentração é maravilhosa". Nesse período de duas semanas, quando tudo parecia quase perdido, a humanidade tratou a ameaça com o nível de seriedade que ela sempre mereceu. Em um mundo perfeito, seríamos capazes de fazer isso sempre, mas a história mostrou que as questões menores e as banalidades da vida em geral acabam entrando no caminho.

É muito humano, não é? Talvez seja até uma espécie de habilidade de sobrevivência adquirida ao longo do tempo. Que grande ironia seria se essa acabasse sendo a razão para deixarmos de nos concentrar na corda bamba de Bertrand Russell e perdêssemos nosso equilíbrio coletivo.

Capítulo 8

DE BOAS INTENÇÕES...

Como isso aconteceu? Essa é a pergunta que todos estariam se fazendo se houvesse ocorrido uma guerra nuclear e centenas ou milhares de armas desse tipo tivessem sido usadas. Caso tivesse acontecido depois no fim dos anos 1960,[1] ainda hoje estaríamos tentando nos recuperar. Centenas das cidades mais importantes do mundo teriam sido transformadas em escombros cheios de cadáveres. A radiação ainda estaria por toda a parte.

Um descendente nosso lendo sobre essa história no futuro teria razão em nos considerar o equivalente aos "bárbaros" estereotipados, imprudentes e infantis que os romanos descreveram, só que com armas muito mais agressivas. Seria injusto, no entanto, se nos considerassem maus. Dizem que de boas intenções o inferno está cheio e, se um holocausto nuclear tivesse acontecido, ou acabar ocorrendo, as pessoas não teriam dedicado suas vidas e reputações a torná-lo possível apenas por serem más. Muitos teriam enchido o inferno com suas boas intenções, torcendo

---
[1] Devido ao grande número de armas de ambos os lados e aos sistemas modernos de lançamento de mísseis.

para que seus esforços levassem a algo melhor, e raros seriam os monstros assassinos à la Adolf Eichmann.[2]

Um exemplo disso é o famoso comerciante de armas e inventor da dinamite, Alfred Nobel,[3] que teve sua participação no aumento da capacidade destrutiva das armas desde os dias de Napoleão. No entanto, ele teria dito à condessa Bertha von Suttner: "Talvez minhas fábricas ponham um fim à guerra antes dos seus congressos [de paz]: no dia em que dois exércitos sejam capazes de se aniquilar em um segundo, todas as nações civilizadas, sem dúvida, ficarão horrorizadas e dissolverão suas tropas." Sua opinião de que a guerra moderna seria tão terrível que inviabilizaria a própria guerra era compartilhada por muitos diante do que as novas tecnologias e armas podiam fazer. Essa linha de raciocínio ajuda a explicar por que pessoas boas e éticas podem participar de algo com um resultado potencialmente catastrófico. Também pode fazer com que inúmeras atrocidades pareçam uma boa ideia.

COMO VOCÊ SE sentiria sobre um acontecimento sanguinário da história se descobrisse que só está vivo hoje por causa dele? Quantas vidas de estranhos do passado a sua vida vale hoje? Não há resposta para essa pergunta, mas sentir-se desconfortável com isso pode não ser uma má ideia.[4]

Muitos veteranos e outros que passaram pela Segunda Guerra Mundial acreditam que as bombas atômicas lançadas no Japão salvaram suas vidas. Na época, achava-se que a destruição de Hiroshima e Nagasaki em agosto de 1945 — um ataque que custou a

---

[2] Uma das coisas estranhas da história é que talvez seja provável que mesmo alguém como Eichmann tenha pensado que suas ações levariam a "um futuro melhor". É claro que a sua definição de melhor era monstruosa.

[3] O Prêmio Nobel moderno é uma homenagem ao seu nome.

[4] E vale lembrar que, algum dia, as pessoas do futuro poderão se perguntar se a perda das *nossas* vidas vale tanto quanto uma vida única *delas*.

vida de mais de 200 mil japoneses, incluindo mulheres e crianças — salvou a vida de um milhão de soldados aliados que poderiam ter perecido se uma invasão terrestre do Japão tivesse sido necessária. Esses veteranos também podem argumentar que o uso das bombas atômicas não era proibido sob as regras de engajamento daqueles tempos. Mas podemos nos perguntar como chegamos a um ponto em que essas *eram* as regras do jogo? Como é que nós, pessoas aparentemente modernas e éticas, decidimos que jogar bombas atômicas em cidades cheias de civis era aceitável?

As regras no que diz respeito à guerra moderna[5] são complicadas, muitas vezes contraditórias e, durante o conflito, estão em constante mudança.[6] Se você fosse um general americano ou britânico na Segunda Guerra Mundial, por exemplo, e tivesse pedido que suas forças terrestres destruíssem cidades inimigas, matado indiscriminadamente um grande número de civis, você seria deposto. Os exércitos aliados não praticaram tal coisa deliberadamente,[7] mas o bombardeio aéreo, que tinha os mesmos efeitos, foi considerado aceitável, até rotineiro. Inclusive, se um comandante aéreo tivesse esses resultados de maneira consistente, poderia até ser promovido.

À primeira vista, parece um patamar de hipocrisia pelo qual Genghis Khan poderia engendrar um genocídio.[8] A diferença são os métodos, não os resultados. Mas os planejadores de tais catástrofes não eram sádicos — muitos pensavam (ou era o que diziam a si mesmos) que estavam *salvando* vidas, tanto as suas

---

[5] "Moderno" é uma palavra que precisa ser definida, então digamos por volta de 1890, quando algumas das primeiras conferências internacionais para discutir esse assunto foi realizada.

[6] Basta pensar na diferença da reação horrorizada do mundo ao bombardeio das cidades no início da Segunda Guerra Mundial em comparação com a atitude quase blasé ao fim do conflito.

[7] Incidentes isolados ocorreram em escalas menores, mas essa é uma afirmação em grande parte verdadeira.

[8] Talvez o equivalente a uma "lavagem de atrocidades".

quanto as dos inimigos. Muitas das tropas terrestres aliadas e seus entes queridos em casa concordavam com essa posição. Não havia muitas preocupações éticas enquanto o conflito estava no auge e pessoas matavam e morriam em todas as frentes, todos os dias.

Os estágios finais da Segunda Guerra Mundial foram a última vez em que o planeta viu um caso de Guerra Total, que está para os Estados como o combate à morte está para os indivíduos. Linhas éticas que poderiam ser respeitadas em uma guerra limitada[9] são desrespeitadas com impunidade na Guerra Total. Os riscos são tão altos que todos começam a ver as coisas da mesma maneira: uma questão de vida ou morte.

Quando pensamos nos deuses da guerra da Antiguidade — Ares na mitologia grega, Marte na romana —, percebemos que eles beiram a loucura. O combate cria outra realidade, com regras diferentes, que podem parecer menos razoáveis em tempos de paz. O combate também afeta a psique humana, aproveitando o mecanismo de luta ou fuga e várias liberações bioquímicas[10] que ajudam os seres humanos a sobreviverem a situações perigosas. Tais condições e pressões não deixam as pessoas muito propícias a reflexões. É por isso que existe uma distinção entre atos cometidos no "calor do momento" e "com frieza".

Mas essa situação do guerreiro no campo de batalha é bem diferente da loucura que às vezes domina as pessoas que tomam as decisões. Os comandantes — os Napoleões, Rommels, Césares ou Grants — não estão enlouquecidos pelo furor da batalha. Tomam decisões difíceis, mas tentam não tomar decisões insanas. Na verdade, costumam fazer escolhas que, nas mesmas circunstâncias, nós poderíamos ter feito. Na guerra, decisões racionais são tomadas diante de situações não tão racionais assim.

---

[9] "Guerra limitada" é o oposto de Guerra Total.

[10] Como a adrenalina.

Pelos nossos padrões atuais de tempos de paz, a ética da Guerra Total pode parecer difícil de justificar e fácil de condenar. Mas é dificílimo imaginar como seria estar passando pelos últimos anos da Segunda Guerra Mundial. As pessoas por trás das decisões estavam diante de escolhas terríveis. Essa guerra foi o pior conflito da história da humanidade e causou sofrimento em uma escala inimaginável por todo o mundo.

Que ações extremas você chegaria a considerar se tivesse o poder de acabar com esse conflito logo no início? Se na época os britânicos ou franceses estivessem na posse de uma única bomba atômica, você seria a favor de que ela fosse lançada em Berlim quando a Alemanha invadiu a Polônia? Tal escolha teria condenado cerca de um milhão de alemães a uma morte terrível, inclusive mulheres, crianças, idosos e enfermos. Também destruiria um centro cultural de importância histórica e geracional. Mas poderia ter terminado a guerra em apenas um dia. Se isso ocorresse, muito mais vidas teriam sido salvas do que sacrificadas por aquela única bomba. Os números são chocantes: 30 milhões de vidas só na frente oriental; 6 milhões no Holocausto. Qual a escolha certa?

Ninguém teve a chance de tomar essa decisão, porque a bomba só foi testada com sucesso em 1945. Quando isso ocorreu, porém, a Segunda Guerra Mundial estava em seu pior ano, e essa arma pode ter adiantado seu fim. O (único) homem que tomou a decisão de usá-la foi o presidente Truman, que era novo no cargo. Ele foi o vice-presidente de Franklin D. Roosevelt por apenas três meses quando este morreu de repente. Foi só então que Truman soube da existência da bomba atômica.[11] É uma surpresa e tanto para um novo governante.

---

[11] Ele foi o terceiro vice-presidente de Roosevelt e não era convidado para todas as reuniões, por assim dizer.

Ele escreveu o seguinte em seu diário a respeito de uma reunião com Stalin e Churchill em Potsdam em 25 de julho de 1945, apenas dois meses depois de assumir o cargo:

Descobrimos a bomba mais terrível da história. Pode ser a destruição por fogo profetizada na era do vale do Eufrates, depois de Noé e sua fabulosa arca. De qualquer maneira, nós achamos que encontramos uma maneira de causar uma desintegração do átomo. Um experimento no deserto do Novo México foi surpreendente, para dizer o mínimo. Menos de seis quilos de explosivo causaram a desintegração completa de uma torre de aço de dezoito metros de altura, uma cratera de 1,80 metro de profundidade e 1.365 metros de diâmetro; derrubaram uma torre de aço a oitocentos metros dali e mataram homens a uma distância de mais de 9 mil metros.

A explosão foi visível a mais de 320 quilômetros de distância e audível a mais de 60 quilômetros do local. Essa arma deve ser usada contra o Japão entre agora e 10 de agosto. Eu disse ao Secretário de Guerra, Sr. Stimson, para usá-la para fins militares, de maneira que soldados e marinheiros sejam o alvo, e não mulheres e crianças. Embora os japoneses sejam selvagens, implacáveis, impiedosos e fanáticos, nós, como os líderes do mundo pelo bem-estar comum, não podemos lançar esta terrível bomba na antiga capital ou na nova.

Nós dois estamos de acordo. O alvo será puramente militar e emitiremos um alerta pedindo aos japoneses que se rendam e salvem vidas. Tenho certeza de que não farão isso, mas daremos uma chance a eles. O mundo tem sorte que Hitler ou Stalin não descobriram essa arma. Parece ser a descoberta mais terrível já feita, mas também pode ser a mais útil.

A versão oficial sempre foi que as duas bombas atômicas lançadas no Japão foram usadas contra alvos militares e os civis mortos foram um dano colateral inevitável. Como você pode lançar algo desse calibre sabendo que ela matará 50 ou 100 mil civis e considera isso um nível *aceitável* de dano colateral? Da nossa perspectiva moderna, após gerações de relativa paz (e não se esqueça de que tudo é relativo), isso pareceria moralmente dúbio. Mas contexto é tudo, e, em 1945, o mundo estava no sexto ano da Guerra Total. Para diferentes pessoas muito inteligentes e até empáticas em todo o planeta, essa pareceu a decisão certa na época. E grande parte do motivo para isso é que não era muito diferente do que já vinha sendo feito.

Na noite de 9 para 10 de março de 1945, meses antes de as armas atômicas serem usadas, Tóquio foi atacada com bombas incendiárias por mais de trezentas aeronaves americanas. Quem já leu relatos desse evento entende por que uma bomba atômica não parecia tão diferente do bombardeio convencional. Parece que as condições na cidade não poderiam ser piores depois do ataque, portanto uma bomba atômica era apenas uma maneira mais econômica de obter o mesmo resultado. A capital japonesa era um dos lugares com maior densidade populacional do mundo, portanto, apesar de muitos alvos militares terem sido atingidos, mais de 100 mil pessoas — a maioria não combatentes — morreram queimadas. O calor foi tão intenso que havia vidro líquido pelas ruas.

Em seu livro *Bombs, Cities, and Civilians*, Conrad Crane escreve:

> *Milhares morreram sufocados em abrigos ou parques. Multidões em pânico esmagaram as pessoas caídas nas ruas enquanto fugiam em direção à água para escapar das chamas. Talvez o incidente mais terrível tenha acontecido quando um B-29 jogou sete toneladas de bombas incendiárias pela ponte Kokotoi cheia de gente. Centenas de indivíduos viraram tochas humanas e*

caíram no rio produzindo chiados horrendos. Um escritor descreveu os corpos como lagartas caindo de uma árvore queimada.

Os atiradores de cauda ficaram nauseados diante da cena de centenas de pessoas morrendo queimadas com combustível ardendo na superfície do rio Sumida. Um médico, que viu a carnificina mais tarde, disse que não era possível saber se os objetos flutuando nas águas eram braços, pernas ou pedaços de madeira queimada. As equipes do B-29 enfrentaram correntes de ar quente que destruíram pelo menos dez aeronaves e tiveram que usar máscaras de oxigênio para evitar vomitar devido ao cheiro de carne queimada.

Esses eram os bombardeios acontecendo por todo o Japão. Mais de sessenta cidades japonesas haviam desaparecido do mapa no final da guerra. Esses ataques foram tão terríveis que várias pessoas do alto comando da Força Aérea do Exército dos Estados Unidos disseram que a melhor coisa que a bomba atômica fez foi pôr um fim neles.

Para responder à pergunta de como as pessoas acharam aceitável usar armas nucleares contra cidades, precisamos nos aprofundar no porquê de elas acharem que bombardear civis com munição letal era minimamente ético. E, para entender como as regras da guerra mudam — passando de evitar os não combatentes abrigados em seus lares a ter esses mesmos lares como alvo —, precisamos pensar na evolução histórica da guerra por meios aéreos.

Quando a Primeira Guerra Mundial terminou, já era possível ver o início dos sistemas de armas que estariam muito presentes nos combates da guerra mundial seguinte. Os submarinos, por exemplo, estavam apenas começando a revelar seu potencial. Eles eram armas controversas na época, devido à prática de afundar navios mercantes e comerciais que não possuíam combatentes a bordo. Alvos civis eram, se não inéditos, condenados pelos padrões éticos daqueles tempos. Mas nada mudou tanto a moralidade militar convencional quanto a importância crescente dos aviões, que começaram a ganhar força em 1918.

Os seres humanos acumularam milhares de anos de experiência e conhecimento no uso de tropas e equipamentos terrestres. Dos gregos e romanos aos chineses e otomanos, há inúmeros exemplos de novas tecnologias sendo empregadas na guerra terrestre. Também temos uma longa história nos fundamentos, na física e nas táticas da guerra naval. Quando a Segunda Guerra Mundial teve início, a aeronáutica militar não tinha nem cinquenta anos.[12]

O desenvolvimento da aeronáutica militar foi uma força extremamente desestabilizadora para as normas mais civilizadas da era da "guerra limitada" no século XIX, pelo menos entre as potências europeias lutando contra outras potências europeias. Ainda ocorriam massacres e outras atrocidades, mas os Estados, em geral, haviam sido bastante civilizados uns com os outros na guerra, com exércitos profissionais se enfrentando enquanto as populações civis eram bem tratadas. Quando surgiram os primeiros veículos aéreos, como os balões de ar quente, eles eram usados para reconhecimento e afins, sem envolvimento direto no conflito.

Mas as pessoas temiam a aviação por seu possível papel transportando armas no futuro. Esse medo era um tema popular na ficção científica da época. O romance de Júlio Verne, *Robur, o conquistador*, descreve um navio com um balão de gás gigante equipado com uma arma capaz de destruir o mundo. Em *A guerra no ar*, H. G. Wells descreve uma frota alemã de zepelins atravessando o Atlântico para bombardear Nova York.

---

[12] É mais antiga do que isso se você contar os zepelins, mas se estiver falando de aviões, o primeiro voo dos irmãos Wright foi em 1903, em Kitty Hawk, na Carolina do Norte.

Em 1899, o czar Nicolau II da Rússia[13] convocou uma reunião que viria a ser conhecida como Convenção de Haia, a primeira de muitas sobre o estabelecimento de leis internacionais sobre armamentos. Nela, representantes de mais de vinte países abordaram a questão das aeronaves, e os russos propuseram uma proibição de bombardeios aéreos. O delegado norte-americano propôs que a proibição durasse apenas cinco anos, já que os avanços tecnológicos poderiam vir a permitir ataques mais precisos, o que poderia ser mais humano na medida em que encurtaria guerras. Essa ideia sobre um potencial encurtamento da batalha graças à aeronáutica militar se tornaria um dos principais argumentos de seus defensores, mas é também uma brecha para uma espécie de insanidade lógica: se a aeronáutica militar pode, pelos danos que causa, terminar uma guerra no dia ou na semana em que começa, de quantas coisas terríveis ela pouparia os combatentes em comparação com uma guerra longa?

A ideia de matar deliberadamente muitos civis não combatentes para alcançar esse objetivo louvável não era o que se havia imaginado antes da Primeira Guerra Mundial; o ponto de vista civilizado e até estranho para os padrões modernos teria escrúpulos demais diante de algo assim. Em vez disso, os defensores da aeronáutica militar imaginavam aviões que atacariam apenas as instalações e alvos militares inimigos. Mas determinar a diferença entre alvos militares e civis se mostrou muito difícil. Dada a tecnologia da época, atingir o alvo com precisão também seria quase impossível, o que tornava qualquer distinção inútil. Essa questão ficou no campo da teoria até o início da Primeira Guerra Mundial, em 1914.

Quando o conflito teve início, as populações das principais potências envolvidas ficaram aterrorizadas, porque estavam lendo

---

[13] Ele seria o último czar; abdicou em 1917, no início da Revolução Russa, e seria executado com sua família em 1918.

sobre essas novas capacidades destrutivas aéreas há anos. Em uma publicação, um aviador francês explicou que a guerra que estava por vir terminaria em cinco minutos — o que era bom, na sua opinião —, mas previu também que Paris, Berlim e outros lugares desapareceriam do mapa no processo.

De fato, no início os alemães fizeram algumas tentativas de bombardear Paris com um avião pequeno e frágil com uma cabine aberta e uma única pessoa dentro, que ia soltando bombas manualmente. Então jogava panfletos que diziam "Rendam-se". Algumas pessoas morreram no que só pode ser descrito como um atentado terrorista. (Pelo menos, é esse o nome que você dá quando o outro lado está fazendo isso com você; são bombardeios de efeito moral se é você quem está fazendo com alguém.) O presidente dos Estados Unidos, Woodrow Wilson, repreendeu publicamente a Alemanha pelo que foi considerado um crime contra a humanidade (pelos padrões do século XIX).[14]

Os franceses tentavam atacar alvos militares por via aérea, tendo mandado dois bombardeiros para derrubar uma fábrica de balas, por exemplo. Os americanos também adotaram esses ataques de precisão, embora não houvesse nada de preciso neles e atingir o alvo certo fosse um grande desafio.

Em 1915, a guerra estava atolada na frente ocidental, e todos os lados buscavam maneiras de atravessar o bloqueio.

Durante muito tempo, os alemães mantiveram sua frota de zepelins estacionada em vez de tentar usá-la, deixando-a servir como intimidação. Quando 1915 chegou, no entanto, eles

---

[14] Em 1914, um presidente dos Estados Unidos condenou com palavras duras uma ou duas bombas pequenas lançadas por um avião solitário. Apenas 26 anos depois, a Luftwaffe bombardeava Londres dia e noite durante a Blitz, e cerca de três décadas mais tarde, cidades alemãs e japonesas estavam sendo destruídas. É uma enorme mudança moral em um curto espaço de tempo. São os efeitos de duas guerras mundiais.

tentavam encontrar aplicações mais agressivas para a tecnologia. Naquele ano, enviaram sua frota de veículos mais leve que o ar até a Grã-Bretanha para bombardeá-la dos céus, à la H. G. Wells, e mataram civis. Dada a reação do presidente Wilson ao pequeno bombardeio anterior em Paris, foi um momento significativo, e os adversários da Alemanha usaram esse acontecimento em sua propaganda. No território alemão, os comandantes pensavam que seu bombardeio poderia realmente acabar com a guerra.[15]

A realidade é que os gigantes balões cheios de hidrogênio inflamável eram vulneráveis; assim, quando os britânicos encontraram uma maneira de atacar os zepelins, as perdas alemãs foram crescendo, e foi o fim dos ataques. No entanto, essas investidas aéreas haviam sido um prenúncio inquietante do que estava por vir.

Mais tarde, os alemães construíram bombardeiros gigantescos, alguns deles com uma envergadura quase tão grande quanto os B-17 da Segunda Guerra Mundial, apelidados de "Fortalezas Voadoras". Esses Gotha G. V. voavam pelo Reino Unido soltando suas bombas. Causaram surpreendentemente pouco dano, mas as pessoas no chão ficaram abaladas. Esses ataques seriam uma das primeiras evidências de que, contradizendo as teorias pró--bombardeios aéreos, de que eles enfraqueceriam a população, eles, na verdade, fortaleceram a determinação das pessoas.

Mas os defensores dos bombardeios tinham uma boa desculpa para a aeronáutica militar não ter sido mais decisiva na Primeira Guerra Mundial — a tecnologia ainda não era suficiente.[16] Se as forças aéreas do início do século XX tivessem sido tão arrasadoras quanto as do fim da Segunda Guerra Mundial, talvez a história tivesse sido diferente. Se os primeiros ataques dos Gotha, por

---

[15] É claro que estavam errados.

[16] A doutrina também não. Mas antes de descobrir como usar os aviões de maneira eficaz, era preciso tê-los.

exemplo, tivessem provocado uma tempestade de fogo que matasse 40 mil londrinos em 1918, incendiando também uma grande parte da cidade histórica, isso poderia ter chocado as pessoas o suficiente para resolver o impasse. Em vez disso, pode-se argumentar que o fato de terem sido as primeiras vítimas de bombardeios estratégicos na Primeira Guerra Mundial apenas endureceu os britânicos e os ajudaram a enfrentar ataques similares durante a Segunda Guerra Mundial.

De qualquer maneira, ao fim da Primeira Guerra Mundial, a futura importância — para não mencionar o futuro terror — da aeronáutica militar estava clara. Propostas fascinantes foram apresentadas após a guerra para que a aeronáutica militar ficasse apenas nas mãos da comunidade internacional, por meio da Liga das Nações (a antecessora da Organização das Nações Unidas). Se um dos países começasse a causar problemas, a liga usaria a única força aérea existente para bombardear essa nação e fazê-la se render, para que a vontade da comunidade mundial pudesse reinar.

O impasse na frente ocidental e o aumento diário do número de mortos pareciam confirmar uma máxima militar antiga de que o pior dos males é uma guerra prolongada. Qualquer coisa capaz de encurtar um conflito salvará vidas. Os defensores da aeronáutica militar estavam convencidos de que ela faria exatamente isso.

Visto que a opinião pública global antes da Segunda Guerra Mundial considerava o bombardeio deliberado de civis nas cidades um crime de guerra, teóricos aeronáuticos influentes, como o italiano Giulio Douhet, defendiam o uso de estratégias que seriam consideradas crimes de guerra[17] no conflito seguinte. Suas motivações eram impedir o que ele e muitos outros consideravam o maior crime de guerra de todos — outra guerra moderna longa como a Primeira Guerra Mundial. Douhet foi um dos muitos

---

[17] Para os padrões da época.

teóricos aeronáuticos que consideravam seu trabalho impedir outra batalha longa como a que acabara de terminar. Ele afirmou que a aeronáutica militar decidiria uma guerra futura antes que os exércitos e as marinhas dos países envolvidos tivessem a chance de se mobilizar. Ele sugeria também que quando a guerra acontecesse outra vez, três tipos de bombas seriam lançadas nas cidades inimigas: as explosivas, já causando uma grande destruição; as incendiárias, que queimariam tudo o que havia sido destruído e espalhado pelas primeiras; e as de gás, que tornariam a área inabitável — assim, nem bombeiros poderiam entrar e apagar os incêndios, e o local seria destruído por completo.

Fazer tudo isso, Douhet escreveu, significaria que a frente doméstica, as fábricas e todas as ferramentas de guerra de qualquer cidade inimiga seriam todas destruídas, mas "o efeito de tais ofensivas aéreas no moral pode ter ainda mais influência na gestão da guerra do que os efeitos materiais".

Considere os possíveis efeitos das ideias do teórico sobre os civis das cidades ainda não atingidas, mas que poderiam se ver sujeitas a esses ataques. Que autoridade civil ou militar poderia manter a ordem pública, os serviços essenciais e continuar a produção industrial sob tal ameaça? E mesmo que uma ordem superficial fosse mantida e as pessoas continuassem trabalhando, a visão de um único avião inimigo não seria suficiente para deixar a população em pânico? Ou seja, seria impossível seguir com a vida nesse pesadelo constante, com a ameaça de morte e destruição iminentes.

Douhet previu que um país "submetido a esses ataques aéreos impiedosos" passaria por um "completo colapso da estrutura social". Para pôr um fim ao "horror e o sofrimento, o próprio povo, movido pelo instinto de autopreservação, se revoltaria e exigiria o fim da guerra", o que seria feito rapidamente, "antes que seu exército e marinha tivessem tempo de se mobilizar".

Ao defender com argumentos lógicos o que seus contemporâneos mais cavalheirescos poderiam considerar uma insanidade, Douhet não estava preocupado com a moralidade ou a viabilidade — mas sim com a eficácia que reduziria a duração de qualquer conflito e que seria o resultado mais moral possível.

Foi durante o período entre guerras que as armas aéreas foram desenvolvidas com a expectativa de que uma guerra futura seria travada com elas. Em países traumatizados pela Primeira Guerra Mundial, os militares presumiram que a população apoiaria o uso dessas armas para evitar que o outro lado as utilizasse primeiro.

Os teóricos aeronáuticos norte-americanos, por sua vez, achavam que a opinião pública local não permitiria o desenvolvimento de uma força aérea projetada para explodir mulheres, crianças e cidades. Eles acreditavam que a sensibilidade americana apoiaria apenas o ataque de *precisão*, que tinha como alvos coisas, e não pessoas. Como escreveu Conrad Crane: "A doutrina do bombardeio de precisão, que atacaria fábricas em vez de mulheres e crianças, permitia que o Corpo Aéreo fosse decisivo na guerra sem parecer imoral."

O B-17, o bombardeiro gigante — que se tornaria um dos aviões mais conhecidos da Segunda Guerra Mundial —, foi produzido pela primeira vez em 1936. Foi projetado para bombardeios estratégicos de alto nível, e muitos deles já estavam prontos quando os Estados Unidos entraram no conflito em 1941. A mira de bomba instalada nele, a muito elogiada Norden,[18] supostamente permitiria bombardeios de precisão a milhares de metros de altura. Os norte-americanos e os franceses foram pioneiros na estratégia de atacar pátios ferroviários, portos e fábricas enquanto tentavam evitar a morte de civis.

---

[18] Muitos a consideram superestimada.

Na Grã-Bretanha, James Spaight, teórico aeronáutico, também acreditava que a aeronáutica militar era um mal necessário, porque não havia defesa contra este tipo de ataque. Os britânicos concluíram, portanto, que a tática de intimidação "se você me atacar, eu ataco você" era a melhor garantia de segurança para as suas cidades, mesmo que isso levasse ao que chamamos de destruição mútua assegurada.

Há certa lógica nessa ideia. Nos estágios finais da Primeira Guerra Mundial, os alemães interromperam sua campanha aérea contra a Grã-Bretanha, porque a tecnologia dos ingleses havia avançado, e logo eles seriam capazes de fazer o mesmo com as cidades alemãs. Nos anos que se seguiram à guerra, os britânicos continuaram a desenvolver uma força aérea estratégica — não para incinerar cidades inimigas, mas para impedir que o inimigo fizesse isso com as suas primeiro.

Após a guerra, Spaight teve uma ideia que, desde então, é usada em obras de ficção científica: ele sugeriu que o inimigo poderia ser avisado para poder evacuar uma cidade-alvo antes do ataque.

O historiador Lee Kennett escreve que Spaight considerou o efeito na "Cidade", o distrito financeiro histórico de Londres. "A população diurna da 'Cidade' de 2,75 quilômetros quadrados superava 400 mil pessoas; à noite, o número caía para 14 mil. Se todas elas pudessem ir para outros lugares, os ataques inimigos poderiam causar enormes danos materiais sem sacrificar vidas."

Enquanto essas discussões teóricas aconteciam, as tensões começaram a aumentar bastante ao redor do mundo. O fascismo chegou ao poder na Itália e na Alemanha. Isso apenas aumentou a tensão global já existente devido ao Estado bolchevique revolucionário chamado União Soviética, e à crescente violência entre japoneses e chineses. A Grande Depressão também afetava todo o planeta. E a entidade que deveria garantir que essas tensões não nos levassem a outra guerra mundial fracassava drasticamente.

A sugestão anterior de ceder o controle das aeronaves militares para uso exclusivo da Liga das Nações nunca havia sido considerada de maneira realista, e os problemas que a aeronáutica militar trazia atormentaram a instituição durante os anos entre as duas guerras. Algumas das grandes potências, por exemplo, usaram a aeronáutica militar para manter o controle sobre as tribos nativas das colônias europeias, que se mostrou muito mais eficaz do que as tropas convencionais para controlar pessoas. A liga recriminou a Itália fascista por suas táticas aéreas em sua guerra na Etiópia, impondo sanções econômicas contra o país, mas nada mudou de fato. Os japoneses praticamente riram da Liga das Nações quando esta tentou combater a investida japonesa contra a China. Nem mesmo a Grã-Bretanha e a França gostavam que a Liga tentasse lhes dizer como agir em suas colônias. Os Estados Unidos — que haviam sido um dos principais responsáveis pela criação dessa organização pós-guerra — a abandonaram quando o Senado não ratificou o tratado.

Então, em 1936, surgiu a oportunidade de testar, empregar e aperfeiçoar o que poderia ser chamada de versão beta da aeronáutica militar da Segunda Guerra Mundial. Na Guerra Civil Espanhola, vários futuros países agressores começaram a ajudar um dos lados do conflito, com a Alemanha de Hitler e a Itália de Mussolini, por exemplo, oferecendo treinamento, equipamento, suprimentos e até pilotos aos Nacionalistas em sua rebelião contra o governo Republicano; enquanto isso, soviéticos, mexicanos e franceses (pelo menos, de maneira clandestina) ajudavam o outro lado.

A Alemanha aprenderia muito sobre a guerra aérea na Espanha, em especial com o bombardeio da cidade basca de Guernica, um incidente imortalizado na pintura de Picasso de mesmo nome. Os italianos e os alemães alegaram que seus alvos eram militares, em especial uma ponte, mas, supostamente, era um dia de comércio, quando a cidade estaria mais cheia do que o normal. Eis como o historiador David Clay Large descreve o ataque, realizado à tarde pela Legião Condor alemã, comandada por Wolfram Freiherr von Richthofen:[19]

Às 16h40, duas freiras no telhado do convento La Merced, em Guernica, tocaram um sino, gritando: "Avion! Avion!". Segundo testemunhas, poucos instantes após o aviso, um único avião apareceu no extremo leste da cidade. A aeronave, uma Heinkel 111, passou uma vez, depois voltou e mergulhou na direção da ponte Renteria.

Embora não houvesse artilharia antiaérea — Guernica não a possuía —, as bombas do avião caíram não na ponte, mas cerca de 300 metros ao sudoeste, em uma praça em frente à estação ferroviária. Uma bomba destruiu o Hotel Julian do outro lado da praça. Um bombeiro voluntário viu mulheres e crianças voando pelos ares e depois "pernas, braços, cabeças e pedaços de pedaços de seus corpos por toda parte".

Cerca de 25 minutos depois, mais três Heinkel 111 apareceram no céu. Suas bombas, lançadas a cerca de 600 metros, atingiram uma fábrica de doces perto da ponte Renteria, incendiando caldeirões de melado e transformando a instalação em um inferno. Jovens trabalhadoras, algumas delas em chamas, começaram a sair do prédio. O mercado central, não muito longe, também foi atingido. Dois touros em pânico, cobertos por termite pegando fogo, atropelaram barracas com paredes de lona, fazendo as chamas se alastrarem pelo mercado.

Em seguida, cinco pares de caças Heinkel 51 voaram baixo pelas partes da cidade ainda não obscurecidas pela fumaça.

---

[19] Primo de Manfred von Richthofen, também conhecido como Barão Vermelho, o renomado Ás da aviação da Primeira Guerra Mundial.

Segundo uma testemunha, dois dos aviões "voaram para lá e para cá a cerca de 30 metros de altura, como cães de pastoreio reunindo as pessoas para a matança". Um avião atingiu em cheio uma mulher e seus três filhos pequenos, matando-os de uma vez com uma única explosão. Outro acertou a banda da cidade.

Por volta das dezoito horas, os primeiros bombardeiros — dos modelos Junkers 52 e Savoia-Marchetti — se aproximaram do alvo. Eles vieram em grupos de três, uma onda após a outra, com um total de 45.000 quilos de explosivos. Eles continuaram a destruição através da fumaça e poeira que pairavam sobre a cidade. Uma bomba atingiu uma pelota fronton *— uma quadra esportiva; outra explodiu o Banco de Biscaia; e outra destruiu um orfanato. Quando o último dos bombardeiros voltou às suas bases, cerca de dois terços dos edifícios em Guernica estavam destruídos ou em chamas.*

Registros de bebês mortos apareceram na mídia em todo o mundo; os governos alemão e italiano ficaram envergonhados. Embora o número de vítimas não tenha sido tão alto — foi menor do que o de pessoas mortas no 11 de setembro, por exemplo —, a natureza indiscriminada dos ataques provocou indignação.

Pode ter sido uma vergonha para os países, mas os planejadores do ataque ficaram felicíssimos. O comandante alemão, von Richthofen, escreveu em seu diário: "Absolutamente fabuloso. A cidade ficou fechada por pelo menos 24 horas, o que teria garantido uma conquista imediata se as tropas terrestres tivessem atacado de imediato, mas, pelo menos, tivemos um sucesso técnico completo com nossos 250s e bombas incendiárias."

Por mais desagradável que tenha sido o ataque a Guernica, provavelmente, não teria sido proibido por nenhum dos principais militares da época. A historiadora Tami Davis Biddle pesquisou o que alguns dos manuais militares de pouco antes da Segunda

Guerra Mundial dizem sobre o assunto. O manual da Força Aérea Real (RAF) britânica determina que não só é permitido ter como alvo edifícios públicos e privados, mas que isso é parte do que se faz para levar o inimigo a se render — o que é uma maneira mais bonita de dizer que você pode massacrá-los até sua rendição. Um manual militar alemão diz com todas as letras que é permitido atacar o moral do inimigo na raiz... Ah, e também devem ser atacadas as instalações militares.

James Spaight apontou que, quando se tratava de bombardeios, as regras da guerra tinham tantas brechas que dava para pilotar um B-17 entre elas. A principal era a questão das instalações militares. Todos concordavam que era aceitável usar aviões para atingir alvos militares. O problema era que a precisão da tecnologia na época não permitia que as aeronaves acertassem os alvos de maneira confiável. Testes britânicos pouco antes da Segunda Guerra Mundial mostraram que menos de dois terços dos bombardeiros jogavam suas bombas a menos de oito quilômetros do alvo. Com uma precisão tão baixa, permitir o ataque em áreas civis era o mesmo que dizer que não havia problemas em matar civis.

A GUERRA AÉREA não começou como muitos imaginavam. Quando o primeiro-ministro britânico, Neville Chamberlain, anunciou no rádio que a Grã-Bretanha estava em guerra, as sirenes dos ataques aéreos dispararam em Londres, mas a Luftwaffe não veio. No entanto, após a queda da França em junho de 1940, a situação era preocupante; a sobrevivência do Reino Unido estava em jogo.

Quando a Batalha da Grã-Bretanha[20] começou, a derrota traria graves consequências: uma invasão alemã. Mas isso só acontece-

---

[20] A batalha aérea entre a Luftwaffe e a RAF após a queda da França em 1940.

ria se a Luftwaffe assumisse o controle do ar. A frota era capaz de impedir a travessia do canal a não ser que seus navios fossem bombardeados e afundados. E se os alemães atravessassem o canal e chegassem às praias, Churchill planejava usar gás venenoso. Será que alguém ia reclamar de "crimes de guerras" se os nazistas estivessem a 80 quilômetros de suas casas?

Os primeiros alvos escolhidos pelos alemães para sofrerem ataques aéreos foram estações de radar e aeródromos; e, por um tempo, a Luftwaffe parecia estar em vantagem. Então a linha moral de "nós não bombardeamos cidades de propósito" foi cruzada, supostamente, devido a uma confusão que levou a força aérea alemã a bombardear Londres por acidente, seguida por um ataque britânico a Berlim em retaliação, após o qual os alemães atacaram diversas cidades em resposta.[21]

Em 4 de setembro de 1940, Hitler, fazendo-se de vítima, disse em um discurso: "Tentei poupar os britânicos. Eles confundiram minha humanidade com fraqueza e responderam assassinando mulheres e crianças alemãs. Se atacarem nossas cidades, nós destruiremos as deles."

A incursão da Luftwaffe contra cidades britânicas, especialmente a Blitz em Londres, marcou o início do bombardeio estratégico de uma maneira que se tornaria terrivelmente familiar — primeiro na Inglaterra, depois na Alemanha e, por fim, no Japão. Lugares como Varsóvia e Roterdã haviam sido bombardeados no início da guerra em incidentes isolados, mas a Blitz não foi um único ataque, foi uma provação contínua que durou meses.

Em geral, os bombardeiros da Segunda Guerra Mundial eram médios, mas alguns eram enormes. O Boeing B-29 Superfortress

---

[21] Alguns afirmam que as bombas alemãs foram soltas por acidente e acabaram acertando Londres. Os britânicos então bombardearam Berlim em uma retaliação simbólica.

dos Estados Unidos, construído nos últimos anos do conflito, era do tamanho de um avião comercial moderno. Imagine centenas deles no céu sobre sua cidade, jogando bombas que criariam um inferno de chamas no chão. É uma imagem horrível.

Hermann Knell, sobrevivente dos ataques estratégicos da Segunda Guerra Mundial, escreveu sobre os ataques alemães à capital britânica em seu livro *To Destroy a City*:

De 7 de setembro a 13 de novembro, Londres foi bombardeada todas as noites. Um total de 13.000 toneladas de explosivos e 12 mil bombas incendiárias tinham sido usados. Outras cidades também foram atacadas, e o incidente mais famoso é o de Coventry, em 14 de novembro de 1940, quando 450 aeronaves lançaram 500 toneladas de explosivos e 880 bombas incendiárias. As perdas civis foram terríveis, principalmente porque havia poucos abrigos antiaéreos adequados.

Os ataques falharam tanto em impedir os ataques britânicos contra a Alemanha quanto em esmagar o moral. Na verdade, toda essa ideia de usar bombardeiros para destruir o moral da população era falha por inúmeras razões. Uma delas pode ser a bravura dos cidadãos. Estudos mostraram que, no início, as vítimas ficavam com raiva do inimigo e torciam para que sua própria força aérea revidasse. Quando tornava-se realmente ruim, e as pessoas já tinham sido bombardeadas inúmeras vezes, um tipo de depressão tomava conta, e todos tentavam apenas sobreviver. O que não aconteceu, no entanto, foi uma passeata em massa exigindo o fim da guerra.

O bombardeio de efeito moral acabou se mostrando ineficaz. Como escreve Len Deighton, ex-membro da RAF, quando a força aérea nacional foi confrontada com provas de que a população britânica não desistira diante da Blitz, por que os líderes pensavam que os alemães o fariam? A resposta da RAF foi que os civis britânicos eram mais fortes que os alemães.

Arthur "Bomber" Harris, marechal do ar — o homem que se tornaria conhecido por liderar a campanha de ataques britânicos na Alemanha — disse: "Muita gente diz que bombardeios não podem vencer uma guerra. Bem, minha resposta para isso é que ninguém nunca tentou, então vou pagar para ver." (Harris revidou em grau muito maior o que os alemães fizeram contra a Grã-Bretanha.)

Quarenta mil civis britânicos foram mortos em ataques estratégicos durante a guerra, um número horrível de vítimas, mas há poucos relatos nos livros de história sobre as provações pelas quais essas pessoas passaram — é difícil encontrar fotos de vítimas ou descrições detalhadas da carnificina. Os britânicos concentraram as notícias nos danos aos edifícios históricos, mas quase não falavam sobre as vítimas da investida. Achavam que fazer isso não seria bom para o moral, e Churchill não permitiria nada nos jornais ou nas revistas que não mostrassem a pátria resistindo aos ataques inimigos.

Os alemães, por sua vez, mandavam um de seus aviões tirar fotos dos estragos e depois voltavam correndo para o quartel-general, onde cientistas e teóricos aeronáuticos, além de pilotos, determinavam o desempenho do ataque.[22]

A natureza diabólica do bombardeio estratégico — seja com bombas atômicas ou convencionais — revela-se nos detalhes minuciosos. As bombas-relógio, que explodiriam horas depois de atingirem o chão, tinham duas funções: em primeiro lugar, matar os socorristas; em segundo, dizer às pessoas que não deviam nem enviá-los na próxima vez. E não esqueça: tudo isso foi feito em nome do encurtamento da guerra.

---

[22] Os britânicos mais tarde também fariam isso, assim como os norte-americanos.

O físico Freeman Dyson, que trabalhou para o comando de bombardeiros da RAF, contou anos depois: "Eu ficava enojado com as coisas que sabia. Muitas vezes, decidi que tinha uma obrigação moral de sair às ruas e dizer ao povo britânico que estupidezes estavam sendo feitas em seu nome. Mas nunca tive coragem de fazer isso. Fiquei na minha sala até o fim, calculando com todo o cuidado como assassinar com economia outras centenas de milhares de pessoas."

Leva algum tempo para se chegar ao ponto da insanidade lógica. Isso não acontece assim que a guerra começa; mas sim ao longo do tempo e dos eventos. Ninguém queria ser o primeiro a bombardear civis nas cidades, mas o outro lado fez isso, então houve retaliação. Eles disseram que iriam apenas atrás de alvos militares, até descobrirem que não podiam pilotar os bombardeiros à luz do dia, porque seriam massacrados pelas defesas aéreas do outro lado, então decidiram fazer isso à noite. O problema era que já não conseguiam acertar os alvos à luz do dia; portanto, quando decidiram voar no escuro, foi com o reconhecimento implícito de que estavam atacando as cidades aleatoriamente.

"Em teoria, ainda tentavam bombardear uma lista de alvos como os que não conseguiam atacar à luz do dia", escreve Len Deighton sobre a mudança de estratégia dos alemães. "Na prática, fizeram o mesmo que o comando de bombardeiros da RAF. Tentavam encontrar o centro da cidade e incendiá-lo."

Em junho de 1941, os britânicos anunciaram oficialmente que iriam começar a visar o moral e os alojamentos dos trabalhadores do inimigo, atuando à noite. (Eram "bombardeios terroristas" quando feitos pelos alemães, mas "de efeito moral" quando praticados pelos britânicos.) Para os ingleses, era um dos poucos métodos que ainda tinham na época da guerra para usar contra a Alemanha.

Jörg Friedrich, autor alemão, chamou de Ofensiva de Bombardeio Combinada "a arma mais ameaçadora que já foi apontada para os seres humanos". (Depois da guerra, o Marechal do Ar Harris, que supervisionou a investida, acreditava que havia salvado uma geração inteira de soldados britânicos.)

A maioria dos líderes das forças aéreas durante a Segunda Guerra Mundial havia lutado na Primeira Guerra como pilotos ou soldados, desde Hermann Göring, da Luftwaffe, até o marechal Harris e o general Curtis LeMay, da Força Aérea do Exército dos Estados Unidos. Para esses homens, qualquer coisa era melhor do que o que haviam passado nas linhas de frente vinte anos antes. Harris afirma que a Marinha Real na Primeira Guerra Mundial matou de fome 800 mil alemães, a maioria não combatentes — tudo de acordo com as leis da guerra durante o bloqueio naval britânico —, e que isso foi considerado moralmente aceitável porque foi feito para salvar as vidas dos soldados que lutavam na frente ocidental.[23]

Tami Davis Biddle pergunta em seu ensaio "Air Power and the Law of War": "Como pesar a vida de seus próprios soldados contra a vida dos civis inimigos?" Quando a Grã-Bretanha começou a bombardear a Alemanha, alguns clérigos pacifistas levantaram a questão de se era melhor perder uma guerra do que cruzar certo limiar moral a fim de vencê-la.

O líder da Força Aérea do Exército dos Estados Unidos, Henry "Hap" Arnold, disse depois da morte de centenas de milhares de civis: "Quando usados com discernimento, os bombardeios se tornam, na verdade, a arma mais humana de todas". A pior carnificina ocorreu nas condições perfeitas.[24] Sob certas circunstâncias, o bombardeio poderia criar um fenômeno conhecido como "tempestade de fogo", que pode acontecer quando há muitos incêndios em uma

---

[23] Não por todos, é claro. Os alemães não concordavam com os britânicos nesse ponto.

[24] Ou nas piores condições, se você é o país que está sendo bombardeado.

determinada área — neste caso, uma cidade — e eles se encontram. Quando isso acontece, uma corrente de ar quente gigantesca o puxa para cima e todo o ar frio é sugado do chão para o vórtice, criando ventos extremamente quentes e tão fortes quanto um furacão.

Em uma situação como essa, as pessoas podem encontrar seu fim de várias maneiras. Podem morrer com a explosão em si — os pulmões estouram, as veias e os nervos absorvem o choque e a morte ocorre. Também podem morrer queimadas por causa das chamas, ser esmagadas por pedaços gigantes de concreto ou por edifícios (ao contrário de uma bala, que cria uma ferida que pode ser fatal, as bombas também destroem o mundo ao redor da vítima). Muitas acabam asfixiadas pelo monóxido de carbono que invadiu violentamente os abrigos ou ficam sem oxigênio depois que a tempestade suga o ar de um cômodo. (As fotos de tais cenas existem; cuidado, elas são horríveis.)

A pior noite da Blitz teve a presença de uma tempestade de fogo, criando talvez a maior destruição que a cidade havia enfrentado desde o Grande Incêndio de Londres em 1666. No entanto, isso não chegou aos pés do que aconteceu com as cidades alemãs em retaliação.[25] O primeiro ataque realmente terrível aconteceu em Hamburgo, em 1943, e cerca de 40 a 50 mil pessoas foram incineradas.

Kate Hoffmeister tinha 19 anos em 1943 — escreve Gwynne Dyer em seu livro *War* — quando sobreviveu a um bombardeio. Ela passou por uma das experiências humanas mais extremas que podemos imaginar. Ao deixar o abrigo, entrou em um mundo que havia se transformado em um verdadeiro inferno. As máscaras de

---

[25] A Luftwaffe, que no início de seu desenvolvimento havia flertado com uma doutrina que enfatizava o bombardeio estratégico, mudou depois do início da guerra e passou dar mais ênfase aos ataques aéreos táticos. Estes se concentravam mais nos campos de batalha do que nas cidades. Quando os Stuka, bombardeiros alemães, atacavam tanques, estavam realizando bombardeios táticos.

gás das pessoas tinham derretido em seus rostos. Dyer cita o relato de Hoffmeister: "Não conseguimos atravessar a Eiffestrasse porque o asfalto havia derretido. As pessoas na estrada, algumas já mortas, outras ainda vivas, estavam presas no asfalto. Elas deviam ter corrido para a via sem pensar. Seus pés tinham ficado presos, e elas tentavam usar as mãos para se soltar. Estavam de joelhos, gritando."

Quando as tempestades de fogo começaram a acontecer, abriu-se um precedente que não podia ser ignorado. Quarenta mil pessoas morreram na Blitz de Londres durante um período de oito meses (mais do que a maioria dos exércitos em tempos pré-modernos perde em uma guerra inteira); os alemães em Hamburgo perderam esse número em uma única noite. Se houve um momento para olhar o que estava à frente e recuar, teria sido esse.

Poucos estavam em posição de fazer tal coisa, mas o primeiro-ministro da Grã-Bretanha poderia ter sido um deles. Supostamente, Winston Churchill ficou horrorizado ao ver as imagens gravadas com a câmera de um avião mostrando o estrago feito nas cidades alemãs. Segundo um adido militar australiano que estava com ele na época, Churchill endireitou-se na cadeira e disse em voz alta: "Somos animais? Estamos levando isso longe demais?" Essa é a mesma pessoa que teria dito em 1940: "Um incêndio em seu quintal forçará Hitler a recuar, e nós transformaremos a Alemanha em um deserto. Sim, um deserto."

Churchill também estava preocupado com a perda da herança cultural europeia provocada pelos bombardeios. Mesmo quando as pessoas afetadas diretamente pela guerra estivessem mortas, seus descendentes ainda sofreriam a perda de sua herança, que remontava aos tempos romanos. Sua herança cultural estava sendo destruída por essa insanidade lógica. E não só a Europa. Isso estava acontecendo no Japão, na China e em muitos outros países.[26]

---

[26] Isso ainda ocorre, pois os bombardeios no Iraque danificaram sítios arqueológicos babilônicos e assírios.

Roosevelt tinha duas posições diferentes em relação ao bombardeio de cidades inimigas: em público, ele era contra; em particular, era a favor. Em 4 de agosto de 1941, Roosevelt fez uma declaração gravada pelo Secretário do Tesouro dos Estados Unidos Henry Morgenthau (citado por Conrad Crane): "Bem, o melhor jeito de atingir Hitler é o que venho sugerindo aos ingleses, mas eles não querem ouvir. Sugeri várias vezes que se eles enviassem cem aviões contra a Alemanha para objetivos militares, dez deles deveriam bombardear algumas das cidades menores que não haviam sido atacadas. Deve haver uma fábrica ou outra em todos os povoados. É a única maneira de diminuir o moral alemão."

Em 1943, o número de vítimas estava aumentando em um ritmo alarmante. Os Estados Unidos tiveram mais baixas no último ano do conflito do que em toda a guerra.

O general Douglas MacArthur odiava os bombardeios de fogo. Um de seus assessores, escrevendo em seu nome, chamou-os de "um dos assassinatos mais cruéis e bárbaros de não combatentes da história". MacArthur chegou a pôr suas tropas em perigo e perdeu homens para proteger civis e não bombardear alvos inocentes, uma decisão da qual alguns discordariam ainda hoje.

Algumas das pessoas mais poderosas do mundo pareciam não ter o poder de deter essas atrocidades. George Marshall, o principal general dos norte-americanos na guerra, e Henry Stimson, o secretário de guerra dos Estados Unidos, não gostavam do que estava acontecendo, e, ainda assim, não conseguiram fazer nada para mudar o rumo das coisas. Stimson disse que J. Robert Oppenheimer, o físico do Projeto Manhattan, achava assustador que não houvesse mais indignação pública nos Estados Unidos em relação aos bombardeios e ataques a civis — ele não queria que os ataques parassem, necessariamente, estava apenas chocado que mais pessoas não se importassem com isso.

É um sinal de insanidade que os mesmos indivíduos que projetaram uma força aérea focada na precisão porque a opinião pública não toleraria a morte de mulheres e crianças tivessem, em 1944, abandonado tais preocupações. Mas as cidades tinham muitos alvos militares; portanto, se você apagasse uma cidade inteira do mapa, estaria atingindo esses alvos.

O Japão, em uma estratégia que, sem querer, acabou custando caríssimo, decidiu espalhar sua indústria pelas áreas civis. Os japoneses puseram uma pequena fábrica em cada quarteirão, para que a produção não estivesse concentrada e os bombardeios pudessem destruí-la de uma vez. Isso, naturalmente, deu uma justificativa muito conveniente para que tudo fosse destruído.

Essa tecnologia também oferecia uma distância física dos danos causados. O tenente-coronel Dave Grossman, especialista em psicologia militar, escreve sobre como a distância possibilita a matança e quanto mais longe a pessoa estiver do alvo, mais fácil fica matá-lo. Nada do que foi feito ao Japão e à Alemanha, nem à Grã-Bretanha pelos alemães, teria acontecido se os soldados tivessem sido obrigados a matar cada vítima pessoalmente.

Grossman afirma o seguinte sobre um ataque aéreo que matou 70 mil pessoas em uma noite: "Se membros da tripulação tivessem precisado usar um lança-chamas contra cada uma dessas 70 mil mulheres e crianças ou, pior ainda, cortado suas gargantas uma a uma, o horror e o trauma inerentes nesse ato violento teriam sido de tal magnitude que eles simplesmente não conseguiriam. Mas, quando isso é feito a milhares de metros no ar, onde os gritos não podem ser ouvidos e os corpos em chamas não podem ser vistos, é mais fácil." As tripulações estadunidenses retornaram de um dos ataques a Tóquio cheirando a pessoas incineradas. A parte de baixo de seus aviões estava chamuscada, e elas entregaram seus relatórios com as mãos trêmulas.

Conrad Crane cita o que disse um oficial norte-americano sobre o uso da força aérea para atacar civis: "Isso não é o mesmo que ordenar que as forças terrestres matem todos os civis e destruam todos os prédios enquanto lutam?"

Embora, como já dissemos, as forças terrestres — assim como as forças navais — tenham a seu favor milhares de anos de códigos de comportamento na guerra e uma compreensão do que é permitido e do que não é.

Em fevereiro de 1945, havia reclamações de que nada restara para ser bombardeado na Alemanha e que os Aliados estavam apenas explodindo destroços —, no entanto, isso não os impediu de continuar. Após a guerra, durante os Julgamentos de Nuremberg, os réus — que em sua maioria seriam enforcados por crimes contra a humanidade — reclamaram dos atentados contra cidades alemãs. Um dos advogados dos Aliados argumentou que os bombardeios aéreos "se tornaram parte da guerra moderna e eram realizados por todas as nações". Ou seja, era tarde demais para se debater essa questão ética.

Se os Aliados não pararam de bombardear os inimigos quando esses foram derrotados, como alguém poderia ter parado os ataques no Pacífico, onde os japoneses estavam, em comparação, mais fortes?[27] Inclusive, a ideia de um "golpe mortal no ar", antes uma ferramenta a ser usada contra a Alemanha, ressurgiria em agosto de 1945. As baixas diárias eram tão altas naquele momento que, se a guerra fosse encurtada, milhares de vidas podiam ser salvas.

Dias após o lançamento das duas bombas atômicas contra o Japão, antes que a rendição fosse oficializada, mil aviões soltaram bombas de fogo em Tóquio. De novo.

Falar dos bombardeios executados pelos Aliados como se tivessem ocorrido em um vácuo, no entanto, é esquecer o que

---

[27] A política de derrotar primeiro a Alemanha priorizou ataques ao Terceiro Reich. No início de 1945, o país estava em uma posição muito mais precária do que o Japão — que ainda não tinha sido invadido —, com vários exércitos inimigos lutando em solo alemão e todas as principais cidades em ruínas.

estava em jogo — e a natureza dos oponentes. Bruce Hopper, historiador da Força Aérea, escreveu o seguinte depois de visitar o campo de extermínio de Buchenwald, em abril de 1945: "Tudo fedia: havia pilhas de restos de ossos humanos na fornalha. Aqui está o antídoto para os escrúpulos em relação aos bombardeios estratégicos." Na Convenção de Haia de 1899, a delegação estadunidense dissera que algum dia os bombardeios seriam precisos o suficiente para não ferirem civis, o que significava que seriam uma arma humanitária. Os Estados Unidos também acreditavam que seus cidadãos não defenderiam uma política militar que matasse tantos não combatentes de maneira indiscriminada. É bem irônico que essa tenha sido a mesma nação — e a única — a usar uma bomba atômica, talvez a que matou mais civis de maneira indiscriminada na história.

A lógica da Guerra Total é brutal.

Quinze anos mais tarde, por terem definido após a guerra regras autorizando o uso de bombas e explosivos em áreas habitadas — afinal, todo mundo estava fazendo isso —, os Estados Unidos se veriam alvos de armas nucleares durante a Guerra Fria. A magnitude da insanidade lógica aumentou ainda mais quando os líderes mundiais começaram a discutir se era moralmente aceitável ou justificável exterminar 100 milhões de seres humanos para salvar a vida de 300 milhões.

Sem dúvida, é lógico tentar minimizar o número total de mortos, ainda mais se você vai salvar 300 milhões de pessoas no processo. Mas seria difícil vender a morte violenta de 100 milhões de seres humanos nas suas mãos como algo são e benéfico.

Se a humanidade provocar outra Idade das Trevas porque nos envolvemos em uma guerra termonuclear global, talvez todos nos sintamos como Charlton Heston quando gritou: "Maníacos! Vocês explodiram tudo!" Mas, se esse for nosso fim, não será porque era o que as pessoas queriam.

EPÍLOGO

O PARADOXO DE FERMI recebeu este nome em homenagem a Enrico Fermi, o famoso físico que fez os cálculos e descobriu que, de acordo com as estatísticas, o universo deveria abrigar um monte de vida inteligente. Então, ele perguntou, onde ela está? Fermi e alguns outros começaram a especular sobre todas as razões que poderiam explicar por que a vida extraterrestre não estava por perto, e uma delas é que os alienígenas não sobreviveram por tempo suficiente para migrar para além do seu planeta natal.[1] Essa ideia faz parte de um aspecto do Paradoxo de Fermi conhecido como o Grande Filtro. É possível que a maior parte da vida em outros planetas nunca tenha passado pelo Grande Filtro.

Nasci em 1965. Naquela época, o mundo vivia sob o medo justificável de que uma guerra nuclear acabasse com a civilização moderna. Pouco tempo depois, a população começou a entender as muitas ameaças ao meio ambiente global. Essa espada de Dâmocles ainda está sobre nosso pescoço. Talvez essas duas coisas façam parte do nosso teste do Grande Filtro.

Ser otimista ou pessimista em relação às chances de sobrevivência da nossa civilização pode depender de quanto você

---

[1] Um deles era o economista Robin Hanson, por exemplo, que também está envolvido com o fascinante Instituto do Futuro da Humanidade, na Universidade de Oxford.

acha que nós, seres humanos, somos capazes de mudar. Nós nos vangloriamos da adaptabilidade de nossa espécie, mas esses são desafios difíceis que podem ter afundado muitas outras formas de vida inteligentes diante de nós. Se continuarmos agindo como sempre, resultados desastrosos são garantidos. Se as grandes potências se envolverem em outra guerra mundial, causaremos danos em uma escala que não tem sequer uma analogia histórica. Se não pudermos mudar o suficiente para lidar com a versão moderna e global dos danos ambientais que os seres humanos causam ao seu entorno imediato, as ramificações afetarão quase todos os aspectos de nossa vida. Qualquer um desses cenários pode originar problemas em cascata como fome, doença, migração em massa, revoltas, pirataria e o colapso de sistemas, como abordamos em alguns capítulos deste livro.

Se quisermos ver o lado positivo, podemos ter esperança de que inovações e descobertas permitam que possamos viver como sempre, sem acabarmos todos mortos — o cenário em que inventamos uma saída. Há também a possibilidade de que o Paradoxo de Fermi deixe de ser válido e seres de outros sistemas solares cheguem e comecem a usar sua tecnologia avançada para resolver nossos problemas. Claro que não podemos contar com isso.

Porém, se o pior acontecer, talvez os humanos se ajustem às novas condições. Seja no mundo pós-Terceira Guerra Mundial, em uma situação apocalíptica de superpopulação ou no terreno inóspito após uma catástrofe ambiental, talvez a ideia de que tempos difíceis formam pessoas mais fortes nos lembrará de que nós somos uma espécie de sobreviventes. As crianças serão criadas de maneira diferente, as expectativas vão mudar, e podemos acabar vendo as pessoas se adaptarem a um mundo com menos confortos, como já vimos os seres humanos se ajustarem e evoluírem em uma nova realidade quando teve início a era dos computadores e celulares.

Também é possível que nosso sistema ecológico se ajuste sem considerar as vontades das pessoas que dependem dele. A natureza tem seus próprios meios de se reequilibrar. Se houver gente demais para o ecossistema sustentar nos níveis modernos de consumo, talvez uma praga moderna "conserte" a situação ao reduzir pela metade a população global em uma década. Isso seria algo positivo?

Ou talvez a próxima Idade das Trevas seja desencadeada de propósito. É possível que algum dia os problemas ambientais exijam que a sociedade reduza seu uso de energia ou algum outro elemento que necessite da alta voltagem do estilo de vida do século XXI. E se não houver tanta eletricidade e energia disponíveis no mundo daqui a cem anos? Teríamos menos eletrônicos, aparelhos ou outras conveniências, como refrigeração, mas e se for para combater uma ameaça que prejudique nossa existência? Se nossos filhos não tiverem nosso padrão de vida porque os recursos não são suficientes, isso significa um retrocesso? Ou seria um avanço, visto que estão mais próximos da solução para problemas capazes de nos levar à extinção — e que ainda estamos longe de resolver? Se essa situação com menos confortos permitir que passem pelo Grande Filtro, quando a nossa não permitiria, que sociedade é mais avançada de verdade?

No entanto, até essa caracterização é simplista. Se a verdadeira ameaça à humanidade for um vírus ou um asteroide, talvez as sociedades que mais nos colocam em perigo ambiental ou militar sejam justo as mais capazes de lidar com o perigo. Seria uma grande ironia se um asteroide capaz de destruir civilizações fosse desviado de seu curso no último segundo graças a uma arma nuclear. Uma bomba feita para matar milhões, lançada no espaço em um míssil semelhante aos que teriam devastado cidades em uma Terceira Guerra Mundial, salva a todos, tendo sido desenvolvida bem a tempo.

Esse cenário me parece tão plausível quanto meu título alternativo se tornar realidade. O livro se chamaria *E todos viveram felizes para sempre*. Como definir "felizes"? Seria a humanidade viver em uma época em que, pela primeira vez em nossa existência, o fim não estivesse sempre próximo.

AGRADECIMENTOS

Acho que eu ocuparia menos páginas se listasse todos aqueles a quem *não* devo minha gratidão por este livro do que o contrário. Odiaria citar nomes específicos, no entanto, então descartei a ideia. Além disso, como tenho muitos amigos, serei breve. Em vez disso, seguirei o roteiro convencional porque, no meu caso, é verdade. Sem minha família, não haveria livro nem qualquer outra coisa. Minha esposa infinitamente paciente, Brittany; minhas filhas, Avery e Liv; minha mãe supertalentosa, minha sogra, minha irmã, meus irmãos, meus cunhados. Não é um clichê dizer que essas pessoas fazem minha vida valer a pena.

Sendo um aficionado por história, não poderia deixar de fora aqueles que não estão mais aqui, mas que também são responsáveis pela pessoa que me tornei.[1] Tive um pai e um padrasto que qualquer pessoa teria sorte em ter, mesmo que apenas um dos dois. Eles me ajudaram tanto e sinto muita falta deles. Nunca conheci o pai do meu pai, mas meu avô materno era o Batman.[2] Prova de que filho de peixe nem sempre peixinho é. Também sinto muita falta dele. No funeral, um homem que o conhecia, ao fazer sua homenagem, disse que, não fosse pelo meu avô, minha avó seria

---

[1] Também são aquelas culpadas por isso, dependendo do ponto de vista.
[2] Um Batman irlandês, de cabelos encaracolados, ruivo e que não parava de fumar.

presidente dos Estados Unidos. Então ela também era incrível (e outra prova sobre os peixinhos). E sinto muita sua falta.

Nunca confirmei oficialmente a existência do meu parceiro de podcast de longa data, Ben, nem o faço agora, mas mesmo que ele seja o equivalente a Harvey, o coelho branco de Elwood Dowd, não haveria livro sem tudo o que ele (aparentemente) fez. Obrigado, parceiro.

Minha coescritora, Elizabeth Stein, transformou o trabalho com uma pessoa e um material impossíveis em algo possível. Sempre gostei de ver pessoas talentosas trabalhando, e ela é excelente no que faz. Agradeço por tudo o que ela fez para tornar este livro possível. Devo minha sanidade a ela.

Meu agente literário, Andrew Stuart, foi o responsável pelo nascimento desta obra. Alguém tem que dizer: "Já pensou em escrever um livro sobre isso?" para um projeto começar, e foi assim que este começou. Infelizmente para Andrew, seu trabalho não acabou aí, mas ele é muitíssimo paciente e, como Liz Stein, excelente no que faz.

Meus profundos agradecimentos aos meus editores: Luke Dempsey, com quem eu queria tanto trabalhar, que trouxe meu livro para a HarperCollins e deu o tom para o trabalho, e Eric Nelson, que assumiu o projeto antes da publicação e teve que cuidar do trabalho pesado que acontece quando um livro está para ser publicado. Eu teria ajudado mais se eu fosse o neto do meu avô. Sou grato pelos dois.

Por fim, e digo isso o tempo todo, mas é porque penso nisso o tempo todo, meus agradecimentos aos ouvintes dos podcasts que fazemos. Vocês nos apoiaram, promoveram, incentivaram e ajudaram a moldar o trabalho para que tomasse seu formato atual. Vocês fazem isso desde 2005. Todos os dias percebo como tenho sorte. Onde estaríamos sem você?

LEITURA ADICIONAL

Deseja saber mais sobre os assuntos abordados neste livro? Pode começar por aqui.

Capítulo 1: Tempos difíceis formam pessoas mais fortes?

Delbrück, Hans. *Warfare in Antiquity* [Guerra na Antiguidade]. Vol. 1 de *History of the Art of War* [História da arte da guerra]. Omaha: University of Nebraska Press, 1990.

Diamond, Jared. *Colapso: como as sociedades escolhem o fracasso ou o sucesso*. Rio de Janeiro: Record, 2005.

Durant, Will. *Breve história da civilização*. Rio de Janeiro: Clube do autor, 2014.

Gavin, James M. *War and Peace in the Space Age* [Guerra e paz na era espacial]. Nova York: Harper, 1958.

Gibbon, Edward. *Declínio e queda do Império Romano*. São Paulo: Companhia de Bolso, 2005.

Heródoto. *Histórias*. Rio de Janeiro: Nova Fronteira, 2019.

Hoover, Herbert. *The Great Depression* [A Grande Depressão], 1929-1941. Vol. 3 de *The Memoirs of Herbert Hoover* [As Memórias de Herbert Hoover]. Nova York: Macmillan, 1952.

Starr, Chester G. *A History of the Ancient World* [História do Mundo Antigo]. Nova York: Oxford University Press, 1965.

Steinbeck, John. *Luta incerta*. Rio de janeiro: Record, 1936.

Steinbeck, John. *As Vinhas da Ira*. Rio de Janeiro: Record, 2013.

Steinbeck, John. "Os ciganos da colheita", presente em *A América e os americanos*. Rio de Janeiro: Record, 2004.

Xenofonte. *Anabasis: The March Up Country*. Publicação independente, 2017.

Xenofonte. Ciropedia. São Paulo: W. M. Jackson, Inc.

E também: *O Jovem Frankenstein*, dirigido por Mel Brooks, com história e roteiro de Mel Brooks e Gene Wilder, Twentieth Century Fox, 1974.

Capítulo 2: Deixai vir a mim os pequeninos

Delbrück, Hans. *History of the Art of War* [História da arte da guerra]. 4 vols. Omaha: University of Nebraska Press, 1975–1990.

DeMause, Lloyd. *The Emotional Life of Nations* [A vida emocional das nações]. Nova York: Other Press, 2002.

deMause, Lloyd. *The History of Childhood* [A história da infância]. Nova York: Psychohistory Press, 1974.

Shahar, Shulamith. *Childhood in the Middle Ages* [Infância na Idade Média]. Londres: Routledge, 1990.

Capítulo 3: O fim do mundo que eles conheciam

Arnold, John H. *History: A Very Short Introduction* [História: Uma brevíssima introdução]. Nova York: Oxford University Press, 2000.

Drews, Robert. *The Coming of the Greeks: Indo-European Conquests in the Aegean and the Near East* [A vinda dos gregos: conquistas indo-europeias no mar Egeu e no Oriente Próximo. Princeton, NJ: Princeton University Press, 1994.

Drews, Robert. *The End of the Bronze Age: Changes in Warfare and the Catastrophe ca. 1200 BC* [O fim da idade do bronze: mudanças na guerra e a catástrofe em 1200 a.C.]. Princeton: Princeton University Press, 1993.

Fischer, Peter M. e Teresa Bürge, orgs. *"Sea Peoples" Up-to-Date: New Research on Transformations in the Eastern Mediterranean in the 13th–11th*

Centuries BCE ["Povos do mar": novas pesquisas sobre transformações no Mediterrâneo Oriental nos séculos XIII e XI AEC]. Viena: Austrian Academy of Sciences Press, 2014.

Givas, Nick, "Rubio Leads Bipartisan Backlash After De Blasio Quotes Castro Ally Che Guevara" [Rubio lidera reação bipartidária após de Blasio citar Che Guevara, aliado de Castro], Fox News, 27 de junho de 2019. https://www.foxnews.com/politics/de-blasio-apologizes-for--che-guevara-quote-seiu.

Homero, *Ilíada*. São Paulo: Penguim Companhia. 2013.

Homero. *A Odisseia*. São Paulo: Atena Editora, 2009.

Knapp, Bernard A. e Sturt W. Manning. *"Crisis in Context: The End of the Late Bronze Age in the Eastern Mediterranean"* [Crise em contexto: o fim da Idade do Bronze no Mediterrâneo Oriental] American Journal of Archaeology 120, nº 1 (janeiro de 2016): 99-149.

Liverani, Mario. *Antigo Oriente: história, sociedade e economia*. São Paulo: EDUSP, 2019.

Pickworth, Diana. *"Excavations at Nineveh: The Halzi Gate"*[Escavações em Nínive: O Portão Halzi] em *Iraq*, vol. 67, n° 1, Nínive. Artigos do 49° Rencontre Assyriologique Internationale, Parte Dois (Primavera, 2005), pp. 295-316. Instituto Britânico para o Estudo do Iraque, https://www.jstor.org/stable/4200584

Platão. *Timeu e Críticas ou A Atlântida*. São Paulo: EDIPRO, 2012.

Robbins, Manuel. *Collapse of the Bronze Age: The Story of Greece, Troy, Israel, Egypt, and the Peoples of the Sea* [Colapso da Idade do Bronze: A História da Grécia, Troia, Israel, Egito e dos povos do mar]. Bloomington, IN: iUniverse, 2001.

Shaw, Garry J. *War & Trade with the Pharaohs: An Archaeological Study of Ancient Egypt's Foreign Relations* [Guerra e comércio com os faraós: um estudo arqueológico das relações externas do Egito Antigo]. Barnsley, Reino Unido: Pen and Sword Archaeology, 2017.

Starr, Chester G. *A History of the Ancient World* [História do Mundo Antigo]. Nova York: Oxford University Press, 1965.

Tainter, Joseph. *Collapse of Complex Societie* [Colapso das sociedades complexas]. Cambridge University Press, 2007.

Van De Mieroop, Marc. *A History of the Ancient Near East ca. 3000–323BC*. [História do Antigo Oriente Próximo ca. 3000-323 a.C.] 2ª ed. Blackwell Publishing, 2006.

Wiener, Malcolm H. "Causes of Complex Systems Collapse at the End of the Bronze Age" in *"Sea Peoples" Up-to-Date: New Research on Transformations in the Eastern Mediterranean in the 13th–11th Centuries BCE*"["Causas do colapso de sistemas complexos no final da Idade do Bronze", em povos do mar atualizados: novas pesquisas sobre as transformações no Mediterrâneo Oriental nos séculos XIII e XIII AEC], editado por Peter M. Fischer e Teresa Bürge. Viena: Austrian Academy of Sciences Press, 2014.

Outros:

Planeta dos macacos, dirigido por Franklin J. Schaffner, história de Pierre Boulle, roteiro de Rod Serling e Michael Wilson, Twentieth Century Fox, 1968.

Capítulo 4: Julgamento em Nínive

Durant, Will. *Nossa herança oriental*. Vol. 1 de *A História da Civilização*. São Paulo: Companhia Ed. Nacional, 1957.

Farrokh, Kaveh. *Shadows in the Desert: Ancient Persia at War* [Sombras no deserto: a Pérsia Antiga na guerra]. Oxford, Reino Unido: Osprey Publishing, 2007.

Ferrill, Arther. *The Origins of War: From the Stone Age to Alexander the Great* [As origens da guerra: da Idade da Pedra a Alexandre, o Grande]. Nova York: Routledge, 2018.

Frahm, Eckart. *A Companion to Assyria* [Guia sobre a Assíria] coleção (Blackwell Companions to the Ancient World). Hoboken, NY: Wiley--Blackwell, 2017.

Gavaghan, Paul F. *The Cutting Edge: Military History of Antiquity and Early Feudal Times* [A vanguarda: história militar da Antiguidade e do início da era feudal]. Nova York: Peter Lang, 1990.

Healy, Mark. *The Ancient Assyrian* [Os antigos assírio]. Oxford, Reino Unido: Osprey Publishing, 1992.

Olmstead, A. T. *History of Assyria* [História da Assíria]. Nova York: Charles Scribner's Sons, 1923.

Roux, Georges. *Ancient Iraq* [Iraque Antigo]. 3ª ed. Londres: Penguin, 1993.

Saggs, H. W. F. *Everyday Life in Babylonia and Assyria* [Vida cotidiana na Babilônia e na Assíria]. Nova York: Putnam, 1967.

Xenofonte. *The Persian Expedition* [A expedição persa]. Nova York: Penguin Classics, 1950.

Capítulo 5: O ciclo de vida bárbaro

Barbero, Alessandro. *Charlemagne: Father of a Continent* [Carlos Magno: pai de um continente]. Berkeley: University of California Press, 2004.

Collins, Roger. *Early Medieval Europe* [Alta Idade Média na Europa], 300-1000. 3ª ed. Nova York: Palgrave Macmillan, 2010.

Delbrück, Hans. *The Barbarian Invasions* [As invasões bárbaras]. Vol. 2 de *History of the Art of War* [História da Arte da Guerra]. Omaha: University of Nebraska Press, 1990.

Dennis, George T., trad. *Maurice's Strategikon: Handbook of Byzantine Military Strategy* [Strategikon de Maurice: manual de estratégia militar bizantina]. Filadélfia: University of Pennsylvania Press, 2001.

Durant, Will. *A Idade da Fé*, Vol. 4 de *A História da Civilização*. São Paulo: Companhia Ed. Nacional, 1957.

Durant, Will. *César e Cristo*. Vol. 3 da *A História da Civilização*. São Paulo: Companhia Ed. Nacional, 1957.

Einhardo. *The Life of Charlemagne* [A vida de Carlos Magno]. Ann Arbor: University of Michigan Press, 1960.

Fell, Christine E. e David M. Wilson. *Northern World: The History and Heritage of Northern Europe* [O norte do mundo: a história e o patrimônio do norte da Europa]. Nova York: Harry N. Abrams, 1987.

Ferrill, Arther. *A queda do Império Romano e a explicação militar*. Rio de Janeiro: Jorge Zahar, 1989.

Gibbon, Edward. *Declínio e queda do Império Romano*. São Paulo: Companhia de Bolso, 2005.

Gregório de Tours. *The History of the Franks* [A história dos francos]. Londres: Penguin, 1974.

Heather, Peter. *The Fall of the Roman Empire: A New History of Rome and the Barbarians* [A queda do Império Romano: uma nova história de Roma e os bárbaros]. Nova York: Oxford University Press, 2006.

James, Edward. *The Franks* [Os francos]. Oxford, Reino Unido: Basil Blackwell, 1988.

Lendon, J. E. *Empire of Honour: The Art of Government in the Roman World* [Império de Honra: A arte do governo no mundo romano]. Oxford, Reino Unido: Oxford University Press, 1997.

Riche, Pierre. *Daily Life in the World of Charlemagne* [Vida cotidiana no mundo de Carlos Magno]. Filadélfia: University of Pennsylvania Press, 1978.

Suetônio. *A vida dos doze Césares*. São Paulo: Martin Claret, 2004.

Tácito. *Agricola* e *Germania* [Agrícola e Germânia]. Nova York: Penguin Classics, 2010.

Ward-Perkins, Bryan. *The Fall of Rome and the End of Civilization* [A queda de Roma e o fim da civilização]. Oxford, Reino Unido: Oxford University Press, 2005.

Wells, Peter S. *Barbarians to Angels: The Dark Ages Reconsidered* [De bárbaros a anjos: repensando a Idade das Trevas]. Nova York: W. W. Norton, 2009.

Wickham, Chris. *O legado de Roma: iluminando a Idade das Trevas, 400–1000*. Campinas: Editora da Unicamp, 2019.

Williams, Hywel. *Emperor of the West: Charlemagne and the Carolingian Empire* [Imperador do Ocidente: Carlos Magno e o Império Carolíngio]. Reimpressão. Londres: Quercus, 2011.

Capítulo 6: Um prólogo pandêmico?

Barry, John M. *The Great Influenza: The Story of the Deadliest Pandemic in History* [A grande gripe: a pandemia mais mortal da história]. Nova York: Viking Penguin, 2004.

Bostrom, Nick e Milan M. Ćirković, orgs. *Global Catastrophic Risks* [Riscos catastróficos globais]. Nova York: Oxford University Press, 2008.

Docherty, Campbell e Caroline Foulkes. "Toxic Shock." [Choque Tóxico] *Birmingham Post* (UK), 4 de outubro de 2003.

Durant, Will. *A Idade da Fé*, Vol. 4 de *A História da Civilização*. São Paulo: Companhia Ed. Nacional, 1957.

Kolata, Gina. *Gripe: a história da pandemia de 1918*. Rio de Janeiro: Record, 2002.

Littman, Robert J. "The Plague of Athens: Epidemiology and Paleopathology" [A Praga de Atenas: epidemiologia e paleopatologia]. *Mount Sinai Journal of Medicine* 76, n° 5 (outubro de 2009): 456-67.

McCullough, David. "There Isn't Any Such Thing as the Past." [Não existe isso de passado.] Entrevista com Roger Mudd na *American Heritage Presents Great Minds of History* 50, n° 1 (fevereiro/ março de 1999).

McNeill, William H. *Plagues and Peoples* [Pragas e Povos]. Nova York: Doubleday, 1977.

Orent, Wendy. *Plague: The Mysterious Past and Terrifying Future of the World's Most Dangerous Disease* [Peste Negra: o passado misterioso e o futuro assustador da doença mais perigosa do mundo]. Nova York: Free Press, 2004.

Rosen, William. *Justinian's Flea: The First Great Plague and the End of the Roman Empire* [Pulgas de Justiniano: a primeira grande praga e o fim do Império Romano]. Nova York: Viking Penguin, 2007.

Sebelius, Kathleen. "Why We Still Need Smallpox" [Por que ainda precisamos da varíola]. *New York Times*, 25 de abril de 2011.

Svensen, Henrik. *The End Is Nigh: A History of Natural Disasters* [O fim está próximo: história dos desastres naturais]. Londres: Reaktion Books, 2011.

Tucídides. *História da Guerra do Peloponeso*. São Paulo: Martins Fontes, 2008.

Tuchman, Barbara. *Um espelho distante: o terrível século XIV*. Rio de Janeiro: José Olympio, 1989.

Capítulo 7: Rapidez ou morte

Para mais informações sobre as bombas atômicas lançadas no Japão no final da Segunda Guerra Mundial, consulte o site da *Atomic Heritage Foundation*: https://www.atomicheritage.org/history/little-boy-and-fat-man.

Baruch, Bernard. Discurso antes da primeira sessão da Comissão de Energia Atômica das Nações Unidas, Hunter College, Nova York, 14 de junho de 1946.

Blight, James G. e Janet M. Lang. *The Armageddon Letters* [Cartas do Armagedom]. Lanham, MD: Rowman & Littlefield, 2012.

Bobbitt, Philip. *The Shield of Achilles: War, Peace, and the Course of History* [O escudo de Aquiles: guerra, paz e o curso da história]. Nova York: Alfred A. Knopf, 2002.

Bostrom, Nick e Milan M. Ćirković, orgs. *Global Catastrophic Risks* [Riscos catastróficos globais]. Nova York: Oxford University Press, 2008.

Docherty, Campbell e Caroline Foulkes. "Toxic Shock." [Choque tóxico] *Birmingham Post* (UK), 4 de outubro de 2003.

Bradley, John. *World War III: Strategies, Tactics and Weapons* [Terceira Guerra Mundial: estratégias, táticas e armas]. Nova York: Crescent, 1982.

Brands, H. W. *What America Owes the World: The Struggle for the Soul of Foreign Policy* [O que os Estados Unidos devem ao mundo: a luta pela alma da política externa]. Cambridge, Reino Unido: Cambridge University Press, 1998.

Cameron, Rob. "Police Close Case on 1948 Death of Jan Masaryk — Murder, Not Suicide." [A polícia encerra o caso da morte de Jan Masaryk em 1948 — foi assassinato, não suicídio] Arquivo de Radio Praha Broadcast, 1º de junho de 2004. https://www.radio.cz/en/section/curraffrs/police-close-case-on-1948-death-of-jan-masaryk-murder-not-suicide.

Cirincione, Joseph. *Bomb Scare: The History & Future of Nuclear Weapons* [Alerta de bomba: a história e o futuro das armas nucleares]. Nova York: Columbia University Press, 2007.

Codevilla, Angelo e Paul Seasbury. *War: Ends and Means* [Guerra: fins e meios]. 2ª ed. Washington, DC: Potomac Books, 2006.

Compton, Arthur Holly. *Atomic Quest: A Personal Narrative* [Missão atômica: uma história pessoal], 1956

Congresso dos EUA. *Os efeitos das armas nucleares*. Washington, DC.: Departamento de Avaliação de Tecnologia do Congresso dos EUA, 1959.

Crane, Conrad C. *American Airpower Strategy in World War II: Bombs, Cities, Civilians, and Oil* [Estratégia da Aeronáutica americana na

Segunda Guerra Mundial: bombas, cidades, civis e petróleo]. Lawrence: University of Kansas Press, 2016.

Dallek, Robert. *An Unfinished Life: John F. Kennedy, 1917–1963* [Uma vida inacabada: John F. Kennedy, 1917-1963]. Nova York: Little, Brown, 2003.

Dobbs, Michael. U*m minuto para a meia-noite: Kennedy, Khrushchev e Castro à beira da guerra nuclear*. Rio de Janeiro: Rocco, 2009.

Donovan, Hedley. *Roosevelt to Reagan: A Reporter's Encounters with Nine Presidents* [Roosevelt a Reagan: conversas de um repórter com nove presidentes]. Nova York: HarperCollins, 1985.

Dunnigan, James F. *How to Make War: A Comprehensive Guide to Modern Warfare in the 21st Century* [Como fazer guerra: um guia da guerra moderna no século XXI]. 4ª ed. Nova York: Harper Perennial, 2003.

Durant, Will e Ariel Durant. *12 lições da história para entender o mundo*. São Paulo: Faro Editorial, 2018.

Dyer, Gwynne. *War: The Lethal Custom* [Guerra: um costume letal]. Reading, Reino Unido: Periscópio, 2017.

Eden, Lynn. *Whole World on Fire: Organizations, Knowledge and Nuclear Weapons Devastation* [Mundo em chamas: organizações, conhecimento e a devastação das armas nucleares]. Ithaca, Nova York: Cornell University Press, 2003.

Einstein, Albert. Carta ao Presidente Franklin Delano Roosevelt, 2 de agosto de 1939. Disponível em *Atomic Heritage Foundation*, https://www.atomicheritage.org/key-documents/einstein-szilard-letter

"Fissile Material Basics." [Fundamentos de materiais físseis.] Institute for Energy and Environmental Research, 2019. https://ieer.org/resource/factsheets/fissile-material-basics/.

Forrestal, James. *The Forrestal Diaries* [Os diários da Forrestal]. Editado por Walter Millis. Nova York: Viking, 1951.

Fursenko, Aleksandr e Timothy Naftali. *One Hell of a Gamble: Khrushchev, Castro, and Kennedy, 1958–1964: The Secret History of the Cuban Missile Crisis* [Uma aposta e tanto: Khrushchev, Castro e Kennedy, 1958-1964: A história secreta da crise dos mísseis cubanos]. Nova York: W. W. Norton, 1997.

Gaddis, John Lewis. *História da Guerra Fria*. Rio de Janeiro: Nova Fronteira, 2010.

Gaddis, John Lewis. *We Now Know: Rethinking Cold War History* [Agora sabemos: repensando a história da Guerra Fria]. Oxford, Reino Unido: Oxford University Press, 1997.

Gavin, Francis J. *Nuclear Statecraft: History and Strategy in America's Atomic Age* [Diplomacia nuclear: história e estratégia na Era Atômica da América]. Reimpressão. Ithaca, NY: Cornell University Press, 2012.

Gray, Colin S. *War, Peace and Victory: Strategy and Statecraft for the Next Century* [Guerra, paz e vitória: estratégia e governança para o próximo século]. Nova York: Simon & Schuster, 1990.

Greene, Jack C. e Daniel J. Strom, compiladores. *Would the Insects Inherit the Earth? and Other Subjects of Concern to Those Who Worry About Nuclear War*. [Os insetos herdariam a Terra? e outros assuntos de interesse para aqueles que se preocupam com a guerra nuclear]. Oxford UK: Pergamon Profession, 1988.

Hachiya, Michihiko. *Diário de Hiroshima*. Rio Grande do Sul: Edipucrs, 2009.

Holloway, David. *Stalin e a bomba*. Rio de Janeiro: Record, 1997.

Howard, Michael. *Invention of Peace: Reflections on War and International Order* [A invenção da paz: reflexões sobre a guerra e a ordem internacional]. New Haven, CT: Yale University Press, 2000.

Kahn, Herman. *On Thermonuclear War* [Sobre a guerra termonuclear]. Princeton, NJ: Princeton University Press, 1960.

Kaku, Michio e Daniel Axelrod. *To Win a Nuclear War: The Pentagon's Secret War Plans* [Para vencer uma guerra nuclear: os planos secretos de guerra do Pentágono]. Boston: South End Press, 1999.

Kaplan, Fred. *The Wizards of Armageddon* [Os magos do Armagedom]. Stanford, CA: Stanford University Press, 1983.

Kennedy, Paul, ed. *Grad Strategies in War and Peace* [Estratégias na guerra e na paz]. New Haven, CT: Yale University Press, 1991.

Kennett, Lee B. *A History of Strategic Bombing: From the First Hot-Air Balloons to Hiroshima and Nagasaki* [História do bombardeio estratégico: dos primeiros balões de ar quente a Hiroshima e Nagasaki]. Nova York: Scribner, 1982.

Khrushchev, Nikita Sergeyevich. *Memoirs of Nikita Khrushchev* [Lembranças Nikita Khrushchev]. Boston: Little, Brown, 1970.

Kozak, Warren. *LeMay: The Life and Wars of General Curtis LeMay* [LeMay: a vida e as guerras do general Curtis LeMay]. Nova York: Regnery, 2009.

Lilienthal, David E. *The Atomic Energy Years, 1945–1950*. Vol. 2 de *The Journals of David E. Lilienthal* [Os anos da energia atômica, 1945-1950. Vol. 2 de Diários de David E. Lilienthal]. Nova York: Harper & Row, 1964.

Martel, William e Paul L. Savage. *Strategic Nuclear War: What the Superpowers Target and Why* [Guerra nuclear estratégica: os alvos das superpotências e por quê]. Santa Barbara, CA: Praeger, 1986.

McNamara, Robert S., com Brian VanDeMark. *In Retrospect: The Tragedy and Lessons of Vietnam* [Em retrospecto: a tragédia e as lições do Vietnã]. Nova York: Times Books, 1995.

Poundstone, William. *Prisoner's Dilemma: John von Neumann, Game Theory, and the Puzzle of the Bomb* [O dilema do prisioneiro: John von Neumann, teoria dos jogos e o quebra-cabeça da bomba]. Nova York: Doubleday, 1992.

Schlosser, Eric. *Command and Control: Nuclear Weapons, the Damascus Accident, and the Illusion of Safety* [Comando e controle: armas nucleares, o acidente de Damasco e a ilusão de segurança]. Nova York: Penguin Press, 2013.

Sekimori, Gaynor: Hibakusha: *Survivors of Hiroshima and Nagasaki* [Sobreviventes de Hiroshima e Nagasaki]. Tóquio: Kosei, 1989.

Sherry, Michael S. *In the Shadow of War: The United States Since the 1930s* [À sombra da guerra: os Estados Unidos desde a década de 1930]. 2ª ed. New Haven, CT: Yale University Press, 1997.

Shiotsuki, Masao. *Doctor at Nagasaki: My First Assignment Was Mercy Killing* [Médico em Nagasaki: meu primeiro trabalho foi matar por misericórdia]. Tóquio: Kosei, 1989.

Southard, Susan. *Nagasaki: Life After Nuclear War* [Nagasaki: vida após a guerra nuclear]. Nova York: Viking Penguin, 2015.

Stern, Sheldon. *Averting 'The Final Failure': John F. Kennedy and the Secret Cuban Missile Crisis Meetings* [Evitando "o fracasso definitivo": John

F. Kennedy e as reuniões secretas durante a crise dos mísseis cubanos]. Stanford, CA: Stanford University Press, 2003.

Stern, Sheldon. *The Cuban Missile Crisis in American Memory: Myths Versus Reality* [A crise dos mísseis cubanos na memória americana: mitos e realidade]. Stanford, CA: Stanford University Press, 2012.

Stern, Sheldon. *The Week the World Stood Still: Inside the Secret Cuban Missile Crisis* [A semana em que o mundo parou: por dentro da crise dos mísseis cubanos]. Stanford, CA: Stanford University Press, 2005.

Thomas, Evan. *Ike's Bluff: President Eisenhower's Secret Battle to Save the World* [O Blefe: a batalha secreta do presidente Eisenhower para salvar o mundo]. Nova York: Little, Brown, 2012.

Van Creveld, Martin. *Technology and War: From 2000 BC to the Present* [Tecnologia e guerra: de 2000 a.C. até o presente]. Nova York: Free Press, 1991.

Webster, Donovan. *Aftermath: The Remnants of War: From Landmines to Chemical Warfare — the Devastating Effects of Modern Combat* [Os restos da guerra: das minas terrestres à guerra química — os efeitos devastadores do combate moderno]. Nova York: Pantheon, 1996.

Whitfield, Stephen J. *The Culture of the Cold War* [A cultura da Guerra Fria]. 2ª ed. Baltimore: Johns Hopkins University Press, 1996.

Wills, Garry. *Bomb Power: The Modern Presidency and the National Security State* [Poder da bomba: a presidência moderna e o estado de segurança nacional]. Nova York: Penguin Press, 2010.

Zaloga, Steven J. *The Kremlin's Nuclear Sword: The Rise and Fall of Russia's Strategic Nuclear Forces, 1945–2000* [A espada nuclear do Kremlin: ascensão e queda das forças nucleares estratégicas da Rússia, 1945-2000]. Washington, DC: Smithsonian Books, 2002.

Zubok, Vladislav e Constantine Pleshakov. *Inside the Kremlin's Cold War: From Stalin to Krushchev* [Por dentro da Guerra Fria do Kremlin: de Stalin a Krushchev]. Cambridge, MA: Harvard University Press, 1996.

Capítulo 8: De boas intenções...

Biddle, Tami Davis. "Air Power and the Law of War" ["Aeronáutica militar e a lei da guerra"], em *Laws of War* [Leis da guerra], editado por Michael Howard, George Andreopoulos e Mark Shulman. New Haven, CT: Yale University Press, 1994.

Carey, John, ed. *Eyewitness to History* [Testemunha da história]. Reimpressão. Nova York: William Morrow Paperbacks, 1997.

Cowley, Robert, ed. *Experience of War: An Anthology of Articles from MHQ: The Quarterly Journal of Military History* [Experiências da guerra: uma antologia de artigos do *MHQ: The Quarterly Journal of Military History*]. Nova York: W. W. Norton, 1992.

Crane, Conrad C. *American Airpower Strategy in World War II: Bombs, Cities, Civilians, and Oil* [Estratégia da aeronáutica americana na Segunda Guerra Mundial: bombas, cidades, civis e petróleo]. Lawrence: University of Kansas Press, 2016.

Deighton, Len. *Blood, Tears, and Folly: An Objective Look at World War II* [Sangue, lágrimas e insensatez: um olhar objetivo sobre a Segunda Guerra Mundial]. Nova York: HarperCollins, 1993.

Douhet, Giulio. *The Command of the Air* [O comando do ar]. Centro de História da Força Aérea. Publicado originalmente em 1921, sob os auspícios do Ministério da Guerra. Reimpressão CreateSpace, 2015.

Dyer, Gwynne. *War: The New Edition* [Guerra: A Nova Edição]. Toronto: Vintage Canada, 2005.

Dyson, Freeman. *The Fire: The Bombing of Germany 1940-1945* [O incêndio: o bombardeio da Alemanha, 1940-1945]. Nova York: Columbia University Press, 2008.

Edoin, Hoito. *The Night Tokyo Burned: The Incendiary Campaign against Japan, March–August, 1945* [A noite em que Tóquio queimou: a campanha incendiária contra o Japão, março a agosto de 1945]. Nova York: St. Martin's, 1989.

Ferguson, Niall. *A Guerra do Mundo: a era do ódio na história*. São Paulo: Editora Planeta, 2015.

Friedrich, Jörg. *The Fire: The Bombing of Germany, 1940–1945* [O incêndio: o bombardeio da Alemanha, 1940-1945]. Nova York: Columbia University Press, 2006.

Giangreco, D. M. *Hell to Pay: Operation DOWNFALL and the Invasion of Japan* [Inferno a pagar: Operação Downfall e a invasão do Japão, 1945-1947]. Annapolis, MD: Naval Institute Press, 2017.

Grossman, Dave. *Matar. Um estudo sobre o ato de matar*. Rio de Janeiro: Bibliex, 2007.

Howard, Michael, George Andreopoulos e Mark R. Shulman, orgs. *The Laws of War: Constraints on Warfare in the Western World* [As leis da guerra: restrições à guerra no mundo ocidental]. New Haven, CT: Yale University Press, 1997.

Kennett, Lee B. *A History of Strategic Bombing: From the First Hot-Air Balloons to Hiroshima and Nagasaki* [História do bombardeio estratégico: dos primeiros balões de ar quente a Hiroshima e Nagasaki]. Nova York: Scribner, 1982.

Knell, Hermann. *To Destroy a City: Strategic Bombing and Its Human Consequences in World War II* [Destruindo uma cidade: bombardeio estratégico e suas consequências humanas na Segunda Guerra Mundial]. Nova York: Da Capo, 2003.

Martin, Douglas. "Thomas Ferebee Dies at 81; Dropped First Atomic Bomb." ["Lançador da primeira bomba atômica, Thomas Ferebee, morre aos 81 anos."] *New York Times*, 18 de março de 2000.

MHQ: The Quarterly Journal of Military History 2, n° 4 (verão de 1990).

Obit. Dirigido por Vanessa Gould, 2016. (Documentário sobre a seção de obituários do *New York Times*.)

Salmaggi, Cesare e Alfredo Pallavisini. *2,194 Days of War: An Illustrated Chronology of the Second World War* [2.194 dias de guerra: cronologia ilustrada da Segunda Guerra Mundial]. Nova York: Barnes and Noble, 1993.

Truman, Harry S. Diário.

Wells, H. G. *A guerra no ar*. Originalmente publicado em série na *The Pall Mall Magazine*, 1908. São Paulo: Carambaia, 2017.

Ziegler, Philip. *London at War, 1939–1945* [Londres em guerra, 1939-1945]. Nova York: Knopf, 1995.